国家双高建设教学改革示范成果

NoSQL数据库应用与实践

张　倩　王艳娟　闫东晨　主　编
徐书海　王　冰　王　丽　副主编

电子工业出版社·
Publishing House of Electronics Industry
北京·BEIJING

内 容 简 介

NoSQL 数据库以其独特的数据模型和扩展方式，为大数据和人工智能等领域提供了强有力的支持。本书基于 Windows 10 及以上操作系统编写，介绍 NoSQL 数据库的基础知识及其在开发中的应用。全书共 14 章，第 1 章介绍 NoSQL 数据库的基础知识；第 2 章介绍键值对存储数据库 Redis；第 3 章介绍列式存储数据库 HBase；第 4 章介绍图形存储数据库 Neo4j；第 5 章介绍文档存储数据库 MongoDB；第 6 章介绍 MongoDB 文档的增删改查；第 7 章～第 10 章分别介绍 MongoDB 数据库中索引、排序与分页、权限机制、MapReduce 与 GridFS 的相关知识；第 11 章介绍 MongoDB 的客户端软件；第 12 章介绍 Python 与 MongoDB 的相关知识；第 13 章介绍 Django 与 MongoDB 的相关知识；第 14 章通过综合案例介绍 MongoDB 在数据分析中的使用。

全书知识由易到难，案例丰富多样，内容通俗易懂，可作为中职、高职、职业本科等相关院校教师的教学用书，也可供对 NoSQL 数据库感兴趣的自学者参考使用。

未经许可，不得以任何方式复制或抄袭本书之部分或全部内容。
版权所有，侵权必究。

图书在版编目（CIP）数据

NoSQL 数据库应用与实践 / 张倩，王艳娟，闫东晨主编. -- 北京：电子工业出版社，2025. 5. -- ISBN 978-7-121-50139-5

Ⅰ．TP311.132.3

中国国家版本馆 CIP 数据核字第 20258RN732 号

责任编辑：王昭松
印　　刷：三河市华成印务有限公司
装　　订：三河市华成印务有限公司
出版发行：电子工业出版社
　　　　　北京市海淀区万寿路 173 信箱　　邮编：100036
开　　本：787×1 092　　1/16　　印张：15.5　　字数：378 千字
版　　次：2025 年 5 月第 1 版
印　　次：2025 年 5 月第 1 次印刷
定　　价：56.00 元

凡所购买电子工业出版社图书有缺损问题，请向购买书店调换。若书店售缺，请与本社发行部联系，联系及邮购电话：(010) 88254888，88258888。
质量投诉请发邮件至 zlts@phei.com.cn，盗版侵权举报请发邮件至 dbqq@phei.com.cn。
本书咨询联系方式：(010) 88254015，wangzs@phei.com.cn，QQ83169290。

前言 Preface

党的二十届三中全会强调，必须深入实施科教兴国战略、人才强国战略、创新驱动发展战略，统筹推进教育科技人才体制机制一体改革，健全新型举国体制，提升国家创新体系整体效能。这一论述为中国教育科技发展进一步指明了方向。随着新一轮科技革命和产业变革的深入发展，数字技术越来越影响人们的思维方式与生产生活方式，推动着经济社会的全方位重塑和发展，数字化转型与人工智能已成为世界范围内教育变革的重要载体和发展方向。

数据库技术是与人工智能密切相关的技术，与人工智能相互依存。数据库本身是用于存储和管理大量数据的"仓库"，数据库技术可以对大规模的数据进行高效、可靠、安全的存储和管理，为人工智能的算法提供数据基础，保证机器学习算法的高效进行；而人工智能可以对大规模的数据进行深度分析和挖掘，发现其中的规律和趋势，为各行业的决策提供有力支持。

本书立足于人工智能技术应用专业人才培养要求，结合编者团队多年教学经验和教学改革实践成果，精心编写而成。在编写过程中，力求体现以下特色。

特色一：采用立体化教学模式，促进知识高效吸收

本书匠心独运，采用"理论知识剖析+实践项目演练+实训环节强化"的立体化教学模式，深入浅出地讲解数据库的核心概念、原理与应用，同时通过精心设计的项目实践案例让学生在"做中学"，将理论知识与实际应用相结合。

特色二：实践驱动，案例领航，加速知识内化

本书注重实践操作的可行性与有效性，为此提供了丰富多样的案例代码，这些代码不仅覆盖了数据库在人工智能多个热门领域（如大文件存储、Django的使用、数据分析等）的实际应用，还兼顾了不同难度层次，以满足不同学习阶段的需求。学生可以通过亲手编写、调试和优化这些代码，深刻体会数据库在人工智能领域应用的魅力。

特色三：聚焦应用场景，突出职业能力培养

本书注重实践教学，让学生在实际应用场景中切身体验数据库的强大，为学生未来的职业发展打下坚实基础，同时拓宽学习边界，使学习过程更加生动、直观且高效，让学生能在实践中快速成长。

特色四：融合思政精髓，汇聚多方智慧

在编写的过程中，我们借鉴了国内外诸多数据库应用的相关书籍与经典案例，同时紧跟技术前沿，学习最新的研究成果与技术资料，确保教材内容的前沿性、实用性和权威性。在此过程中，我们还注重挖掘并提炼思政教育的核心价值，如创新精神、团队协作、社会责任等，力求在传授技术知识的同时，引导学生树立正确的世界观、人生观和价值观。

特色五：配备丰富的数字化资源

在精心编纂本书的同时，我们深刻地认识到数字化资源在现代教育中的重要作用，因此特别配备了全方位、多层次的数字化资源，这些数字化资源包括但不限于视频教程、习题答案、实践项目案例库、实践案例真实数据源、教学 PPT，以及相关安装文件。

全书的纸质和电子资源内容由济南职业学院的张倩、鼎利（山东）产业发展有限公司的闫东晨负责总体规划设计。第 1 章由济南职业学院的王艳娟、徐岩负责编写，第 2～4 章由济南职业学院的王冰、王丽负责编写，第 5、6 章由济南职业学院的徐书海负责编写，第 7～10 章由济南职业学院的张倩负责编写，第 11 章由济南职业学院的李超负责编写，第 12 章由济南职业学院的刘珊珊、鼎利（山东）产业发展有限公司的闫东晨负责编写，第 13、14 章由鼎利（山东）产业发展有限公司的闫东晨负责编写。

由于水平有限，相关技术繁杂，涉及领域较广，且编者水平有限，本书难免存在疏漏或不妥之处，恳请广大读者批评指正。

编者

目录 Contents

第1章 认识 NoSQL 数据库 1
1.1 人工智能时代下的数据 1
1.2 NoSQL 数据库 2
1.2.1 NoSQL 数据库概述 2
1.2.2 NoSQL 数据库的起源 2
1.3 关系数据库与非关系数据库 2
1.3.1 关系数据库 2
1.3.2 非关系数据库 3
1.3.3 关系数据库与非关系数据库的比较 4
1.4 NoSQL 基础理论 5
1.4.1 CAP 理论 5
1.4.2 BASE 理论 5
1.4.3 最终一致性 6
1.5 NoSQL 数据库的分类 6
1.5.1 键值对存储数据库 6
1.5.2 列式存储数据库 7
1.5.3 图形存储数据库 7
1.5.4 文档存储数据库 8
1.5.5 不同 NoSQL 数据库之间的对比 8
1.6 项目实践：探索 NoSQL 数据库 9
本章小结 10
课后习题 10
项目实训 10

第2章 键值对存储数据库 Redis 11
2.1 认识 Redis 11
2.1.1 Redis 概述 11
2.1.2 Redis 的特点和用途 12
2.1.3 安装 Redis 12
2.2 Python 操作 Redis 14
2.2.1 环境准备 14
2.2.2 导入 Redis 模块 15
2.2.3 创建 Redis 客户端实例 15
2.3 数据操作 15
2.3.1 键值对操作 15
2.3.2 哈希表操作 17
2.3.3 列表操作 19
2.3.4 集合操作 20
2.3.5 有序集合操作 21
2.3.6 发布与订阅操作 22
2.4 高级功能 23
2.4.1 事务操作 23
2.4.2 过期时间和持久化 24
2.4.3 分布式锁 24
2.5 项目实践：通过 Python 操作 Redis 实现分布式锁 25
本章小结 26
课后习题 26
项目实训 27

第3章 列式存储数据库 HBase 28
3.1 认识 HBase 28
3.1.1 HBase 概述 28
3.1.2 HBase 的应用场景 29
3.2 HBase 的数据模型 30
3.2.1 HBase 的数据存储结构 30
3.2.2 HBase 的数据存储概念 31

3.2.3 HBase 的基本架构 32
3.3 HBase 安装部署 33
    3.3.1 环境准备 33
    3.3.2 安装 HBase 38
    3.3.3 启动 HBase 39
3.4 HBase 的 Shell 操作 41
    3.4.1 基本操作 41
    3.4.2 表的相关操作 41
3.5 Python 操作 HBase 44
    3.5.1 环境准备 44
    3.5.2 操作 HBase 45
3.6 项目实践：设计水费缴费明细表 47
本章小结 49
课后习题 50
项目实训 50

第 4 章 图形存储数据库 Neo4j 51
4.1 认识 Neo4j 51
    4.1.1 Neo4j 概述 51
    4.1.2 Neo4j 的数据模型 53
4.2 Neo4j 安装部署 54
    4.2.1 环境准备 54
    4.2.2 安装 Neo4j 55
4.3 Cypher 操作 57
    4.3.1 创建数据 57
    4.3.2 查询数据 59
    4.3.3 创建关系 60
    4.3.4 where 条件 60
    4.3.5 删除关系与节点 61
    4.3.6 删除属性 62
4.4 Python 操作 Neo4j 62
    4.4.1 环境准备 62
    4.4.2 连接 Neo4j 数据库 63
    4.4.3 节点操作 63
4.5 项目实践：使用 Python 创建课程知识图 66
本章小结 67
课后习题 67
项目实训 67

第 5 章 文档存储数据库 MongoDB 69
5.1 MongoDB 概述 69
5.2 MongoDB 的应用 70
    5.2.1 应用场景和特点 70
    5.2.2 什么时候选择 MongoDB 71
5.3 MongoDB 的数据库组织结构 71
    5.3.1 MongoDB 的三个概念 72
    5.3.2 MongoDB 的组织结构 72
    5.3.3 MongoDB 的数据类型 72
5.4 在 Windows 系统下安装和启动 73
    5.4.1 环境准备 73
    5.4.2 安装软件 74
5.5 在 Linux 系统下安装和启动 76
    5.5.1 创建列表文件 76
    5.5.2 更新安装包列表 76
    5.5.3 安装 MongoDB 77
    5.5.4 启动 MongoDB 77
5.6 MongoDB 的基本命令 78
    5.6.1 查看数据库 78
    5.6.2 使用数据库 78
    5.6.3 删除数据库 79
    5.6.4 集合 80
    5.6.5 集合的相关操作 81
本章小结 82
课后习题 82
项目实训 83

第 6 章 MongoDB 文档的增删改查 84
6.1 MongoDB 文档 84
    6.1.1 文档的键和值 84
    6.1.2 文档的 ID 85
6.2 增加数据 85
    6.2.1 增加一条数据 85
    6.2.2 自定义 ID 值 86
    6.2.3 增加多条数据 87
6.3 查询数据 88
    6.3.1 查询 88
    6.3.2 查询中的算术运算符 89
    6.3.3 查询中的逻辑运算符 91
    6.3.4 文档中的数组 94

6.3.5	其他查询	97
6.3.6	常用函数	100
6.4	修改数据	101
6.4.1	常用修改器	101
6.4.2	数组修改器	106
6.5	删除数据	110
6.6	时间类型	111
6.6.1	new Date()函数	111
6.6.2	ISODate()函数	111
6.6.3	Date()函数	113
6.6.4	valueOf()方法	114
6.7	Null 类型	114
6.8	项目实践：增删改查综合练习	115
本章小结		117
课后习题		117
项目实训		117

第 7 章 索引 119

7.1	数据库中的索引	119
7.2	索引的优缺点	120
7.3	索引的相关操作	120
7.3.1	创建索引	121
7.3.2	删除索引	121
7.4	其他索引	122
7.4.1	复合索引	122
7.4.2	唯一索引	123
7.4.3	稀疏索引	123
7.4.4	分析索引	124
7.5	项目实践：使用 bookshop 数据练习索引操作	125
本章小结		132
课后习题		132
项目实训		132

第 8 章 排序与分页 134

8.1	排序	134
8.1.1	sort()函数	134
8.1.2	复合排序	135
8.2	分页	136

8.2.1	limit()函数与 skip()函数	136
8.2.2	分页实践	138
8.3	聚合查询	139
8.3.1	常用管道	139
8.3.2	常用表达式	139
8.3.3	聚合管道的使用	139
8.4	项目实践：使用聚合操作处理数据	140
8.4.1	$match 过滤数据	141
8.4.2	$project 字段投影	141
8.4.3	$count 计数	143
8.4.4	$limit 与$skip	143
8.4.5	$sort 聚合排序	146
8.4.6	$group 分组查询	147
本章小结		149
课后习题		150
项目实训		150

第 9 章 权限机制 151

9.1	权限分配	151
9.2	安装验证服务	152
9.3	用户登录验证	154
9.4	备份还原	160
9.4.1	下载备份还原工具	160
9.4.2	备份数据 mongodump	161
9.4.3	还原数据 mongorestore	161
9.5	项目实践：备份还原数据库	162
本章小结		164
课后习题		164
项目实训		165

第 10 章 MapReduce 与 GridFS 166

10.1	认识 MapReduce	166
10.1.1	MapReduce 概述	166
10.1.2	MapReduce 的格式定义	167
10.2	文件存储	170
10.2.1	存储方式	170
10.2.2	GridFS	170

10.3　项目实践：上传与下载 PDF 文件 173
本章小结 174
课后习题 174
项目实训 175

第 11 章　客户端软件 176

11.1　MongoDB Compass 176
　11.1.1　创建数据库 177
　11.1.2　增加数据 178
　11.1.3　修改与删除数据 179
　11.1.4　查询数据 179
　11.1.5　查询执行计划 180
　11.1.6　监控 181
11.2　Studio 3T 182
11.3　NoSQL Manager 183
11.4　项目实践：使用 Compass 完成增删改查综合练习 185
本章小结 187
课后习题 187
项目实训 187

第 12 章　Python 与 MongoDB 189

12.1　连接 MongoDB 数据库 189
12.2　增删改查操作 190
　12.2.1　增加数据 190
　12.2.2　删除数据 191
　12.2.3　修改数据 191
　12.2.4　查询数据 192
　12.2.5　其他常用函数 193
12.3　索引与聚合操作 195
　12.3.1　创建索引 196
　12.3.2　删除索引 197
　12.3.3　聚合操作 198
12.4　在 Python 中使用 GridFS 199
12.5　项目实践：增删改查综合练习 199
本章小结 202
课后习题 202
项目实训 203

第 13 章　Django 与 MongoDB 204

13.1　认识 Django 204
13.2　项目实践：酒店员工信息管理模块 206
　13.2.1　功能模块设置 206
　13.2.2　数据库结构 207
　13.2.3　数据库创建 207
　13.2.4　项目环境搭建 209
13.3　功能实现 211
　13.3.1　配置相关文件 211
　13.3.2　测试连接数据库 212
　13.3.3　验证管理员登录 213
　13.3.4　员工信息录入功能 214
　13.3.5　员工信息修改、删除功能 215
　13.3.6　员工信息查询功能 218
本章小结 219
课后习题 219
项目实训 219

第 14 章　综合项目——数据分析 221

14.1　认识 pyecharts 221
　14.1.1　全局配置项 222
　14.1.2　系列配置项 222
　14.1.3　pyecharts 的图表类型与参数 223
　14.1.4　创建图表 223
14.2　项目实践：电商数据分析 225
　14.2.1　读取数据 225
　14.2.2　处理数据 226
　14.2.3　数据分析 227
14.3　项目实践：端午节粽子数据分析 232
　14.3.1　读取数据 232
　14.3.2　处理数据 233
　14.3.3　数据分析 234
本章小结 237
课后习题 238
项目实训 238

第 1 章 认识 NoSQL 数据库

◎ 学习导读

在当今大数据和云计算的时代背景下,传统的关系数据库(SQL 数据库)虽然稳定可靠,但在海量数据处理、高并发访问及灵活性方面逐渐显露出局限性。这时,NoSQL(Not Only SQL,不仅仅是 SQL)数据库技术应运而生,以其独特的架构设计、扩展性和灵活性,成为应对现代应用数据挑战的重要选择。本章将带领读者认识 NoSQL 数据库。

◎ 知识目标

掌握 NoSQL 数据库的特点
了解 NoSQL 数据库的分类

◎ 素养目标

培养与时俱进的思想
培养快速学习的能力

1.1 人工智能时代下的数据

在信息化和数字化迅猛发展的今天,人工智能(Artificial Intelligence,AI)已成为推动社会变革和技术进步的重要力量。AI 技术的核心在于算法和模型,尤其是机器学习技术和深度学习技术,这些技术通过大量数据的训练,使计算机能够进行自主学习和改进,从而完成那些通常需要人类才能完成的任务。这些任务包括但不限于视觉识别、语音识别、决策制定和语言翻译等。

在人工智能时代,数据被视为新的"石油",是推动 AI 技术发展的核心动力。数据的数量、种类、速度和质量都直接影响着 AI 模型的性能和准确性。由于数据量的爆炸式增长,传统的数据处理方法难以应对,因此促进了大数据技术的诞生和发展。大数据(Big Data)指的是那些数量巨大、类型多样、生成速度快且具有高价值潜力的数据集合。大数据的四大特征分别是数据量(Volume)、数据速度(Velocity)、数据种类(Variety)和数据真实性(Veracity)。

大数据技术包括收集、存储、处理和分析数据,旨在从大量的结构化和非结构化数据中提取有价值的信息和知识。这些技术不仅提高了数据处理的效率,还使得企业能够更精准地理解市场和客户的需求,优化决策过程,提高竞争力。

1.2 NoSQL 数据库

在数据库领域，传统的关系数据库（SQL 数据库）一直占据着主导地位。然而，随着大数据时代的到来，传统的 SQL 数据库在处理大规模、高并发、高可扩展性的数据方面显得力不从心。因此，非关系数据库（NoSQL 数据库）应运而生，为数据处理提供了新的解决方案。

1.2.1 NoSQL 数据库概述

NoSQL（Not Only SQL）数据库泛指非关系数据库。与 SQL 数据库不同，NoSQL 数据库不保证关系数据库的 ACID（原子性、一致性、隔离性、持久性）特性，而是更加注重数据的可扩展性、高可用性和高性能。NoSQL 数据库通过去除关系数据库的关系特性，简化数据库的结构，使得数据之间不存在关联，从而更容易进行扩展。

NoSQL 数据库的种类繁多，包括键值对存储数据库、列式存储数据库、图形存储数据库和文档存储数据库等。这些数据库根据不同的应用场景和数据模型进行设计，以满足不同的需求。例如，键值对存储数据库适用于处理大量数据的高访问负载，图形存储数据库适用于处理社交网络等复杂关系的数据，而文档存储数据库则适用于 Web 应用。

1.2.2 NoSQL 数据库的起源

NoSQL 数据库起源于 20 世纪 90 年代，随着互联网 Web 2.0 网站的兴起，传统的关系数据库在处理超大规模和高并发的网站时显得有些费力。这些网站需要处理海量的用户数据和高并发的访问请求，而传统的 SQL 数据库在扩展性和性能上无法满足这些需求。因此，非关系数据库逐渐得到了关注和发展。

NoSQL 数据库的出现，为处理大规模、高并发、高可扩展性的数据提供了更好的解决方案。这些数据库通过去除关系数据库的关系特性，简化了数据库的结构，提高了数据处理的速度和效率。同时，NoSQL 数据库还具有高可用性和易于扩展的特点，能够确保数据库在发生故障时仍然提供服务，并且在数据量增长时仍然高效地处理请求。

随着互联网公司的快速发展，如 Google、Facebook、Twitter 等，NoSQL 数据库逐渐成为互联网公司的首选数据库。这些公司利用 NoSQL 数据库来处理海量的用户数据和高并发的访问请求，提高了系统的稳定性和性能。同时，NoSQL 数据库还促进了数据驱动决策的发展，使得企业能够更精准地了解市场和客户需求，优化产品和服务。

1.3 关系数据库与非关系数据库

1.3.1 关系数据库

关系数据库是指采用了关系模型来组织数据的数据库，以行和列的形式存储数据，以便用户理解。关系模型可以简单理解为二维表格模型，而一个关系数据库就是由二维表格及其之间的关系组成的数据组织。关系数据库通过查询来检索数据，查询是一个用于限定数据库中某些区域的执行代码。常见的关系数据库包括 Oracle、DB2、SQL Server、MySQL、SQLite（小型数据库，唯一一个不需要安装第三方包就可以操作的数据库，多用于嵌入式的开发）。

1．关系数据库的优点

（1）高安全性：通过访问控制来保证数据的安全性，只有经过授权的用户才能访问数据库。

（2）支持事务：可以将多个操作当作一个整体，要么全部成功，要么全部失败，满足原子性、一致性、隔离性、持久性等特点。

（3）强大的查询能力：支持复杂的查询要求，可以根据表结构和数据之间的关系，利用 SQL 语句快速查询到想要的结果。

（4）灵活的数据库设计：通过建立索引、外键等表间的关联关系，实现表间的关联性，加快数据查询速度，提高数据库的可用性。

2．关系数据库的缺点

（1）数据扩展性受限：在处理大规模数据时，关系数据库的性能可能会受到限制。为了应对这一限制，可能需要进行分表或分区等操作来提高性能。

（2）灵活性不足：关系数据库的表结构和数据类型相对固定，不适合处理复杂的数据结构和非结构化数据。随着业务需求的变化，可能需要频繁地修改表结构，导致灵活性降低。

（3）并发性能下降：在高并发请求的场景下，关系数据库可能会出现锁冲突等问题，导致数据库性能下降。为了优化并发性能，可能需要采取一些复杂的措施，如优化查询语句、使用连接池等。

（4）SQL 语句限制：关系数据库使用 SQL 语句进行查询操作时，虽然 SQL 语句功能强大，但在表达复杂业务逻辑时可能会受到限制。对于某些特定的查询需求，可能需要编写复杂的 SQL 语句或进行多次查询操作，这增加了开发和维护的难度。

（5）成本较高：关系数据库通常需要较高的硬件和软件成本，包括购买数据库软件、维护硬件设备等。此外，对于大规模数据的存储和管理，可能还需要投入更多的成本来扩展存储和计算能力。

1.3.2　非关系数据库

非关系数据库是分布式的、非关系的、不保证遵循 ACID 特性的数据库。这种数据库不保证数据之间的强一致性，而是提供了更高的扩展性和灵活性。

1．非关系数据库的优点

非关系数据库的优点主要体现在以下几个方面。

（1）灵活性：NoSQL 数据库打破了传统关系数据库的固定表结构，使得数据模型更加灵活。它支持各种类型的数据存储，包括结构化、半结构化和非结构化数据，因此可以适应各种新兴的业务需求。

（2）高扩展性：NoSQL 数据库通常采用分布式架构，具有很好的水平扩展能力。通过添加更多的节点，可以轻松扩展数据库的容量，满足业务快速增长的需求。

（3）高性能：NoSQL 数据库采用内存存储和索引技术，以及并行计算和分布式计算技术，可以处理更大的数据量和更多的请求，从而提供了高性能的数据存储能力和查询能力。

2．非关系数据库的缺点

非关系数据库的缺点主要体现在以下几个方面。

（1）数据一致性问题：NoSQL 数据库通常采用分布式架构来提高系统性能且不遵循 ACID 特性，因此，在数据更新和复制过程中，可能会出现数据不一致的情况。

（2）查询能力限制：与传统关系数据库相比，NoSQL 数据库的查询能力相对较弱。由于其数据模型通常是面向键值对或文档的，因此不支持复杂的查询操作。

（3）缺乏标准化：NoSQL 数据库种类繁多，不同的数据库具有不同的数据模型、查询语言和操作接口，缺乏统一的标准化规范。

1.3.3　关系数据库与非关系数据库的比较

关系数据库与非关系数据库在多个方面存在显著差异，这些差异主要体现在数据存储方式、扩展方式、对事务性的支持等方面。下面将详细比较这两类数据库的特点。

1．数据存储方式不同

关系数据库使用表格（也称关系）来存储数据，每个表格都包含了一组行和列，其中每行代表一个数据记录，每列代表记录中的不同属性或字段。这种结构使得数据的存储和检索变得非常直观和易于理解。数据存储在数据表的行和列中，以结构化的方式存储，确保了数据的完整性和一致性。

非关系数据库不依赖于固定的表结构，数据存储方式更加灵活多样。常见的 NoSQL 数据库存储类型包括键值对存储、列式存储、图形存储和文档存储等。其数据通常存储在数据集中，如键值对、列、图或文档中，这些存储方式能够更好地适应半结构化和非结构化数据的存储需求。

2．扩展方式不同

关系数据库是在基于 Web 的架构中，最难以水平扩展的。当一个应用系统的用户量和访问量与日俱增的时候，关系数据库需要通过优化机器性能来应对，而难以简单地通过添加更多的硬件和服务节点来扩展性能和负载能力。

非关系数据库具有出色的扩展性，能够方便地进行水平扩展。它们采用分布式架构，可以将数据分布在多个节点上，通过增加节点来扩展数据库的容量和性能。这种扩展方式使得 NoSQL 数据库能够处理海量数据并保持良好的性能。

3. 对事务性的支持不同

关系数据库支持 ACID 特性，即原子性、一致性、隔离性和持久性。这些特性确保了关系数据库在发生故障或错误时能够保持数据的完整性和一致性。因此，关系数据库非常适合需要高事务性或者复杂数据查询的应用场景。

NoSQL 数据库通常采用最终一致性的数据同步方式，不遵循 ACID 特性。虽然这种方式在某些情况下可能导致数据不一致，但 NoSQL 数据库具有极高的并发读写性能，并且在操作的扩展性和大数据量处理方面具有显著优势。

1.4 NoSQL 基础理论

在 NoSQL 数据库中，有几个重要的基础理论框架，包括 CAP 理论、BASE 理论和最终一致性，这些理论为理解和设计 NoSQL 数据库提供了重要的理论指导。

1.4.1 CAP 理论

CAP 理论是分布式计算中的一个重要理论，它指出一个分布式系统在设计时不能同时满足以下 3 个特性。

（1）一致性（Consistency）：分布式系统中的所有节点在同一时刻的数据是一致的。当系统更新数据时，所有节点都能看到最新的数据值。

（2）可用性（Availability）：每个请求都能得到非错误的响应（即不存在超时或拒绝服务的情况），但不保证返回的是最新写入的数据。

（3）分区容忍性（Partition Tolerance）：在系统中发生任意信息的丢失或错误时，系统仍能够继续运行并满足一致性和可用性的要求。由于网络分区是分布式系统无法避免的，因此分区容忍性通常被认为是分布式系统的基本要求。

CAP 理论表明，在设计分布式系统时不能同时满足以上 3 个特性，必须在这 3 个特性之间做出权衡。大多数 NoSQL 数据库系统选择牺牲强一致性（即选择最终一致性）来换取高可用性和分区容忍性。

1.4.2 BASE 理论

BASE 理论是对 CAP 理论中牺牲强一致性后的一种实践理论，用于指导设计可扩展的分布式系统。BASE 是以下 3 个术语的缩写。

（1）基本可用（Basically Available）：系统保证核心可用，但允许在部分情况下降低可用性。例如，在系统出现分区故障时，可能牺牲部分功能的可用性来确保系统的整体运行。

（2）软状态（Soft State）：允许系统中的数据存在中间状态，即数据的变化不是即时的，系统可以有一段时间的异步处理过程。这与 ACID 中的原子性和持久性不同，后者要求数据状态在任何时刻都是一致的。

（3）最终一致性（Eventually Consistent）：系统能够保证在没有新的更新操作的情况下，

最终所有的数据副本都是一致的。即系统不保证在同一时刻所有节点的数据都是一致的，这允许系统在一段时间内存在数据不一致的情况。但是，随着时间推移，系统最终会使所有节点的数据达到一致状态。

BASE 理论为设计高可用性和可扩展性的分布式系统提供了理论指导，在处理大规模数据和复杂应用时非常有用。

1.4.3 最终一致性

最终一致性是 CAP 理论和 BASE 理论中的一个核心概念，它指的是在分布式系统中，当没有新的更新操作时，系统能够保证所有的数据副本最终会达到一致的状态。这种一致性模型是相对强一致性而言的，强一致性要求系统的所有节点在任何时刻都保持数据的一致性。

在最终一致性模型中，系统允许在数据更新后的一段时间内，不同的数据副本之间存在数据不一致的情况。但这种不一致是暂时的，并且随着时间的推移，系统会通过某种机制（如数据复制、冲突解决等）来确保所有数据副本最终都达到一致状态。

最终一致性模型为分布式系统提供了更高的灵活性和可扩展性，特别是在处理大规模数据和高并发访问时。然而，它也要求开发者在设计和实现系统时，仔细考虑数据一致性的需求和业务逻辑的要求，以确保系统能够满足用户的需求。

1.5　NoSQL 数据库的分类

NoSQL 数据库根据其数据模型和存储结构的不同，可以分为多种类型，主要包括键值对存储数据库、列式存储数据库、图形存储数据库和文档存储数据库。下面将分别对这 4 种类型的 NoSQL 数据库进行详细介绍和比较。

1.5.1 键值对存储数据库

1. 定义与特点

键值对存储数据库是一种使用键值（Key-Value）对来存储数据的数据库。在这种数据库中，每个数据项都由一个唯一的键（Key）和一个对应的值（Value）组成。键值对存储数据库通常具有高性能、高并发、简单易用等特点，适用于需要快速读写和查询的场景，如缓存、会话管理等。

2. 典型代表

Redis：一个开源的、内存中的数据结构存储系统，它可以用作数据库、缓存和消息中间件。Redis 支持多种类型的数据结构，如字符串（String）、哈希表（Hash）、列表（List）、集合（Set）、有序集合（Sorted Set）等。

Memcached：一个高性能的分布式内存对象缓存系统，通过在内存中缓存数据和对象来减少读取数据库的次数，从而提高动态 Web 应用的速度。

3. 应用场景

键值对存储数据库适用于需要快速访问和更新数据且数据结构相对简单的场景，如缓存、会话共享、排行榜等。

1.5.2 列式存储数据库

1. 定义与特点

列式存储数据库是一种将数据按列组织和存储的数据库。与传统的行式存储数据库相比，列式存储数据库在数据存储和查询效率方面具有显著优势，特别适用于大量读取、少量更新和查询的场景。列式存储数据库具有高效的数据压缩、快速的读取速度和良好的可扩展性等特点。

2. 典型代表

Cassandra：一个开源的、分布式的、高可用的列式存储数据库系统。它支持跨多个数据中心的数据复制和容错，适用于需要高可用性和可扩展性的应用场景。

HBase：一个基于 Google 的 BigTable 模型的开源的、非关系的、分布式的列式存储数据库系统。它是一个高可靠性、高性能、面向列的分布式存储系统，用于存储结构化数据。

3. 应用场景

列式存储数据库适用于需要处理大量数据、进行复杂查询和数据分析的场景，如数据仓库、商业智能、在线分析等。

1.5.3 图形存储数据库

1. 定义与特点

图形存储数据库是一种以图形形式存储数据的数据库。它以节点、边和属性的形式表示和存储数据。其中节点表示实体，边表示实体之间的关系，属性则表示节点和边的详细信息。图形存储数据库具有高连接性、高性能、灵活性和直观性等特点，适用于处理大量互相关联的数据。

2. 典型代表

Neo4j：一个高性能的、基于 Java 的图形存储数据库系统。它支持复杂的查询语言 Cypher，并提供了丰富的图形算法和工具集，用于处理图形数据。

JanusGraph：一个可扩展的图形存储数据库，支持分布式存储和计算。它提供了丰富的数据模型和查询语言，适用于处理大规模图形数据。

3. 应用场景

图形存储数据库适用于需要处理大量关联数据的场景，如社交网络、网络拓扑、推荐系统等。

1.5.4 文档存储数据库

1. 定义与特点

文档存储数据库是一种以文档的形式存储数据的数据库。每个文档都是一个自包含的数据单元,可以包含多种类型的数据结构。文档存储数据库具有动态模式、易扩展性、支持复杂数据类型等特点,适用于存储结构化或半结构化的数据。

2. 典型代表

MongoDB:一个基于分布式文件存储的数据库,由 C++ 语言编写。它为 Web 应用提供了可扩展的高性能数据存储解决方案。MongoDB 是一个介于关系数据库和非关系数据库之间的产品,是非关系数据库中功能最丰富且最像关系数据库的一种文档存储数据库。它支持的数据结构非常松散,是类似 JSON 的 BSON 格式。

CouchDB:一个开源的、面向文档的数据库管理系统,它使用 JSON 作为数据存储格式,并提供了一个 RESTful HTTP API 用于与数据库进行交互。CouchDB 支持多版本并发控制(Multi-Version Concurrency Control,MVCC),可以实现数据的版本控制和冲突解决。

3. 应用场景

文档存储数据库适用于需要处理大量结构化或半结构化数据的场景,如内容管理系统、电子商务平台、移动应用等。

1.5.5 不同 NoSQL 数据库之间的对比

不同类型的 NoSQL 数据库在数据模型、存储结构、查询性能、扩展性等方面存在差异,以下是对上述 4 种类型的 NoSQL 数据库的一个简要对比。

1. 数据模型

(1)键值对存储数据库:数据以键值对的形式存储,每个键对应一个值,数据模型极其简单。

(2)列式存储数据库:数据以列的形式存储,每列包含多个行值,适用于处理大量数据的读取和分析。

(3)图形存储数据库:数据以图形的形式存储,由节点、边和属性组成,适用于表示实体间的复杂关系。

(4)文档存储数据库:数据以文档的形式存储,每个文档可以包含多个字段,字段之间可以嵌套,支持复杂的数据结构。

2. 存储结构

(1)键值对存储数据库:使用键值(Key-Value)对存储数据,简单高效。

(2)列式存储数据库:按列组织存储,适用于密集型应用,可以有效减少 I/O 操作,提高查询性能。

(3)图形存储数据库:以图形形式存储数据,能够直观地表示实体间的关系。

（4）文档存储数据库：以文档的形式存储，支持复杂的嵌套结构，适合存储半结构化数据。

3．查询性能

（1）键值对存储数据库：查询性能高，能通过键快速定位到值。

（2）列式存储数据库：在大数据量下，列式存储的查询性能优于行式存储，特别是在扫描特定列时。

（3）图形存储数据库：支持图遍历和复杂关系查询。

（4）文档存储数据库：提供丰富的查询语言（如 MongoDB 的 MQL），支持复杂的查询操作。

4．扩展性

（1）键值对存储数据库：具有较好的扩展性，可以水平扩展以应对高并发访问。

（2）列式存储数据库：设计之初就考虑了扩展性，可以轻松扩展到数百个甚至数千个节点。

（3）图形存储数据库：虽然图形存储数据库在处理复杂关系方面表现出色，但其扩展性可能受到图结构和查询复杂度的限制。

（4）文档存储数据库：通过添加更多的服务器节点，可以实现较好的水平扩展。

在选择 NoSQL 数据库时需要根据具体的应用场景和需求进行评估，选择适合当前项目和开发人员的数据库。

1.6 项目实践：探索 NoSQL 数据库

要求：设想自己设计并实现一个社交媒体用户数据分析平台，那么它应该选用哪个数据库呢，这个项目又应该实现哪些功能？

1．调研与选型

选择 MongoDB 作为 NoSQL 数据库，因为它支持灵活的数据模型，适合存储非结构化数据；具有强大的查询功能，支持索引和聚合操作；且具有良好的扩展性和高可用性。

2．数据库设计

（1）用户集合：包含用户 ID、用户名、头像、简介、关注列表、粉丝列表等字段。

（2）帖子集合：包含帖子 ID、用户 ID、内容、发布时间、点赞数、评论数等字段。

（3）评论集合：包含评论 ID、帖子 ID、用户 ID、内容、发布时间等字段。

（4）创建索引：使用 MongoDB 的索引功能加速查询，如为用户 ID、帖子 ID 等字段创建唯一索引。

3．平台开发

（1）实现用户数据的存储与检索功能。

（2）开发用户画像功能，展示用户的基本信息、兴趣偏好等。
（3）实现热门话题分析功能，基于用户帖子和评论内容识别热门话题。
（4）开发社交关系网络可视化功能，展示用户之间的关注关系。

实现项目后还应该有相对应的系统优化与测试，以及详细的项目报告和设计文档等，具体实现细节和结果将取决于项目实践过程和所选的 NoSQL 数据库类型。

本章小结

本章主要介绍了什么是 NoSQL 数据库，并对常用的 NoSQL 数据库进行了简单介绍。其中，NoSQL 的相关理论是本章的重点，它关系到是否可以理解后续章节的数据库特点。

通过本章知识的学习，学生可以提高自己的创新与适应能力。在快速变化的现代社会中，只有具备与时俱进与快速学习能力的人才能不断适应新的挑战和机遇，保持竞争优势并实现个人价值。

课后习题

1. NoSQL 数据库根据其数据模型和_____的不同，可以分为多种类型，主要包括_____、_____、_____、_____。
2. 键值对存储数据库是一种使用_____来存储数据的数据库。
3. _____是一种将数据进行按列组织和存储的数据库系统。
4. _____以节点、边和属性的形式表示和存储数据，其中节点表示实体，边表示实体之间的关系，属性则表示节点和边的详细信息。
5. 文档存储数据库是一种以_____形式存储数据的数据库，每个文档都是一个自包含的数据单元，可以包含多种类型的数据。
6. 简述关系数据库与非关系数据库的区别。
7. 简述 NoSQL 数据库的特点。

项目实训

要求：构建一个基于 NoSQL 数据库的电商产品信息平台，选择哪个类型的数据库更为合适呢？说说你的想法和理由。

第 2 章 键值对存储数据库 Redis

◎ 学习导读

随着互联网的发展,数据量的爆炸式增长对数据库的性能提出了更高的要求。在缓存、排行榜、实时的反垃圾系统、过期数据的自动处理系统等高并发场景中,Redis 逐渐显现出独特的优势。本章将详细介绍 Redis 数据库的相关操作。

◎ 知识目标

掌握 Redis 的基本数据操作
掌握 Python 操作 Redis 的基础功能
掌握 Redis 的高级功能

◎ 素养目标

培养解决实际问题的能力
培养性能优化意识

2.1 认识 Redis

Redis(Remote Dictionary Server,远程字典服务器)是一个开源的、使用 C 语言编写的、支持网络和可持久化的日志型数据库。它的名字"Redis"实际上是一个玩笑性的称谓,源于作者的一次失误,本意是"Remote Dictionary Server",但在首次发布时,作者将"Remote"误写为"Redis",并将这个误打误撞的名字沿用至今。虽然是一个误写,但其恰好传达了 Redis 作为数据存储系统的核心特点。随着 Redis 的不断发展和完善,它已经成为互联网技术中不可或缺的一部分。

2.1.1 Redis 概述

Redis 支持多种类型的数据结构,如字符串(String)、哈希表(Hash)、列表(List)、集合(Set)、有序集合(Sorted Set)、位图(Bitmap)、超日志(HyperLogLog)等。通过提供丰富的数据结构和操作接口,Redis 不仅可以作为数据库使用,还可以作为缓存、消息中间件等使用。

Redis 将数据存储在内存中,因此它的读写速度非常快,远超过传统的磁盘数据库。同时,Redis 支持数据的持久化,可以将内存中的数据异步保存到磁盘上,确保数据的可靠性。

此外，Redis 还支持数据的复制和高可用性，通过主从复制、哨兵（Sentinel）和集群（Cluster）机制，实现数据的备份和故障转移，保证服务的高可用性。

2.1.2 Redis 的特点和用途

（1）Redis 作为 NoSQL 中键值对存储数据库的典型代表，具有以下特点。
- 高性能：Redis 的数据存储在内存中，读写速度非常快，远超过磁盘数据库。
- 数据类型丰富：支持多种类型的数据结构，使得 Redis 的应用场景更加广泛。
- 持久化：支持 RDB 和 AOF 两种持久化方式，确保数据的可靠性。
- 原子性：Redis 的所有操作都是原子性的，保证了数据的一致性。
- 复制和高可用性：支持主从复制、哨兵和集群模式，确保服务的高可用性。
- 客户端语言支持：支持多种编程语言的客户端，方便与其他应用集成。

（2）根据 Redis 的特点，它的用途也非常广泛，具体如下。
- 缓存：作为缓存层，减轻后端数据库的压力，提高应用响应速度。
- 消息队列：利用 Redis 的列表或发布/订阅模式实现消息队列，处理异步任务。
- 计数器：Redis 的原子性操作使得它非常适合实现计数器功能，如网站访问量统计。
- 排行榜：利用有序集合实现排行榜功能，如游戏排行榜、文章热度排行榜等。
- 会话管理：将用户会话信息存储在 Redis 中，实现跨服务器的会话共享。
- 实时分析：利用 Redis 的快速读写能力，对实时数据进行快速分析处理。

总之，Redis 作为一种高性能、灵活、可靠的数据存储解决方案，正逐渐成为现代技术栈中不可或缺的一部分。随着技术的不断发展和应用场景的不断拓展，Redis 的潜力和价值也将得到更加充分的发挥。

2.1.3 安装 Redis

Redis 官网提供了最新版本的 Redis 安装包，完成注册后即可下载，也可以从 GitHub 中下载相应版本。Redis 支持多种操作系统（如 Windows、Linux、macOS），这里以 Windows 10 操作系统为例安装 Redis，下面是详细安装步骤。

（1）从 Redis 官网下载安装包，或者从本书配套教学资源包中找到 msi 格式的安装包，如图 2-1 所示。

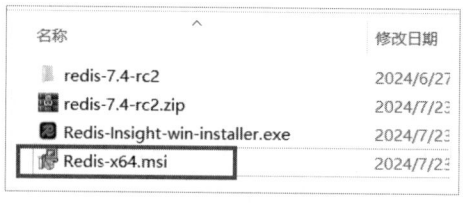

图 2-1　Redis 安装包

（2）双击安装包后，在弹出的对话框中单击"Next"按钮，如图 2-2 所示。
（3）勾选复选框，接受许可协议中的条款，继续单击"Next"按钮，如图 2-3 所示。

图 2-2　单击"Next"按钮

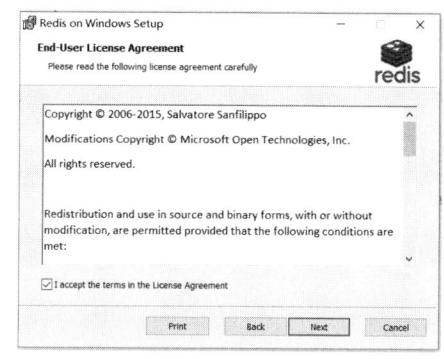
图 2-3　接受许可协议中的条款

（4）进入选择安装目录界面，若有需要可以单击"Change"按钮进行修改，但是要注意路径中最好不要有中文和特殊字符，同时勾选添加环境变量的复选框，当然不勾选也可以自己手动添加，继续单击"Next"按钮，如图 2-4 和图 2-5 所示。

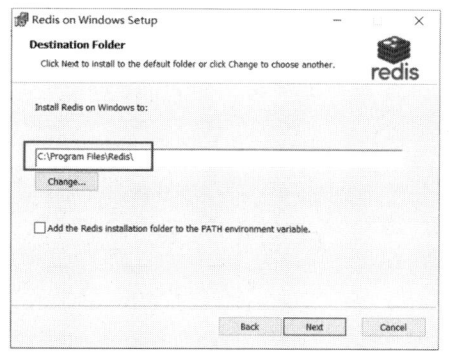
图 2-4　选择安装目录

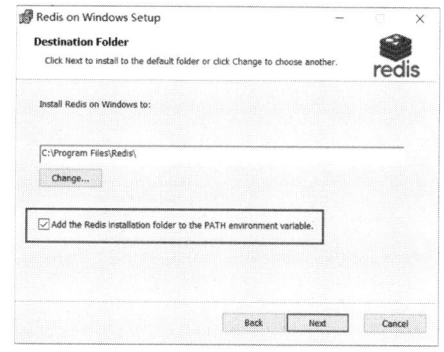
图 2-5　勾选添加环境变量的复选框

（5）单击"Next"按钮，会出现端口设置界面，此处保持默认设置，如图 2-6 所示。
（6）继续单击"Next"按钮，设置最大缓存容量，如图 2-7 所示。

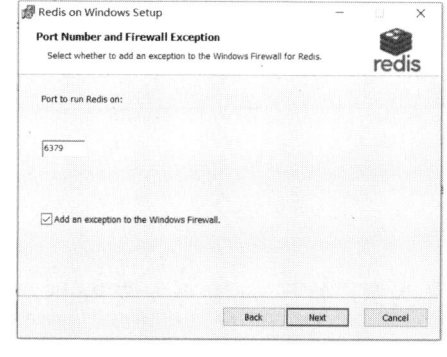
图 2-6　设置端口

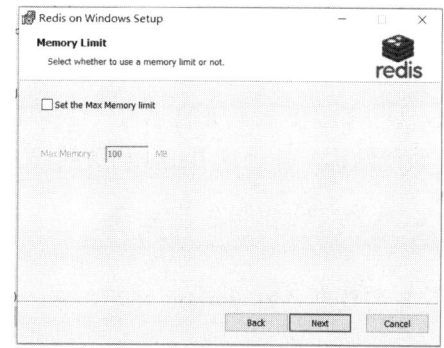
图 2-7　设置最大缓存容量

（7）单击"Next"按钮，之后单击"Install"按钮，稍做等待直至安装完成，会出现"Finish"按钮，表示安装完成，单击"Finish"按钮，结束安装，如图 2-8 和图 2-9 所示。

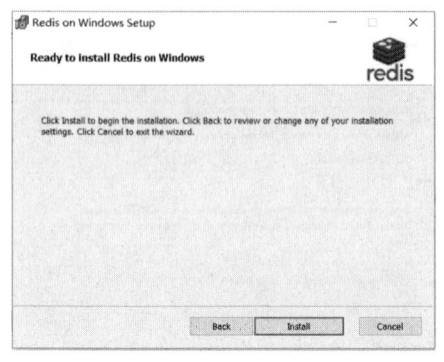
图 2-8 单击 "Install" 按钮

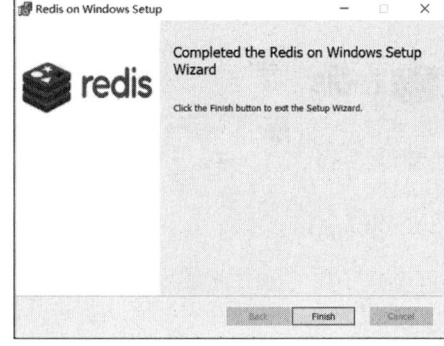
图 2-9 安装完成

（8）到这里 Redis 就安装成功了，可以打开"任务管理器"窗口，查看 Redis 服务是否启动，如果没有启动，则需要手动开启，如图 2-10 所示。

图 2-10 查看 Redis 服务是否启动

2.2 Python 操作 Redis

Python 拥有多个高质量的 Redis 客户端库，如 redis-py，这是官方推荐的 Python Redis 客户端。这些库提供了丰富的 API，使得 Python 开发人员可以方便地执行 Redis 命令，管理 Redis 数据结构，并处理 Redis 相关的异常。

2.2.1 环境准备

首先需要准备好 Python 环境，以 Python 3.8.17 为例，执行 pip 命令安装 Redis，代码如下。

```
pip install redis
```

在安装提示中看到 "successful" 字样，安装就完成了，可以通过 pip 命令查看已经安装好的包，有刚才安装的 Redis 即可，如图 2-11 所示。

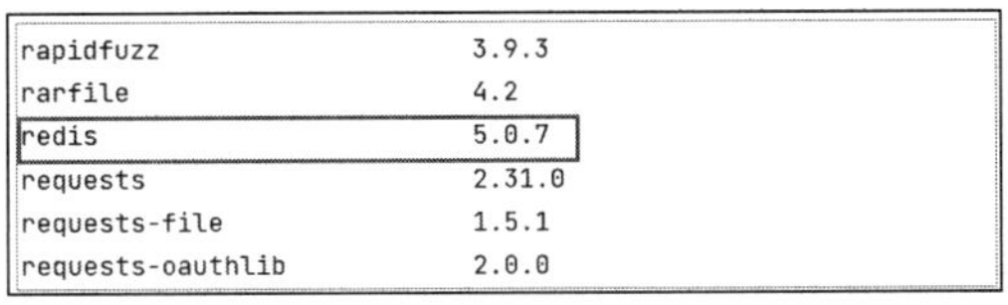

```
rapidfuzz           3.9.3
rarfile             4.2
redis               5.0.7
requests            2.31.0
requests-file       1.5.1
requests-oauthlib   2.0.0
```

图 2-11　安装 Redis 成功

2.2.2　导入 Redis 模块

创建一个 Python 类型的文件，即可导入 Redis 模块，代码如下。

```
import redis
```

导入之后就可以使用 Redis 客户端库的功能，如果导入不成功，则需查看当前的 Python 文件是否使用的是已经安装 Redis 的 Python 环境。

2.2.3　创建 Redis 客户端实例

导入的 Redis 包中的 Redis()方法可以用来创建客户端实例，其中的参数如下。
- host：指定 Redis 服务器的地址。
- port：指定连接 Redis 服务器所使用的端口号。
- db=0：指定要使用的 Redis 数据库的索引。
- password：指定连接 Redis 服务器时所需的密码。

【例 2-1】创建客户端。

在刚才已经导入 Redis 模块的 Python 文件中创建客户端实例，代码如下。

```
r = redis.Redis(host='localhost', port=6379, db=0)
```

同时，也可以指定连接 Redis 服务器时所需的密码，具体需要根据 Redis 的实际情况来指定，代码如下。

```
r = redis.Redis(host='localhost', port=6379, db=0, password='your_password')
```

到这里已经成功和 Redis 建立了通信，接下来就可以进行数据操作了。

2.3　数据操作

2.3.1　键值对操作

键值对是 Redis 操作的基础。下面将详细介绍 redis-py 中键值对的相关操作，包括设置、获取、删除键值对等。

1．设置键值对

set()方法用于设置键值对，如果键已经存在，则更新其值。方法中第一个参数是键名，第二个参数是值。get()方法用于获取键对应的值，如果键不存在，则返回 None。

【例 2-2】设置键 mykey 的值为 myvalue。

```
r.set('mykey', 'myvalue')
value = r.get('mykey')
print(value)
```

运行结果如下，说明设置成功。

```
b'myvalue'
```

2. 检查键是否存在

exists()方法用于检查给定键是否存在。如果键存在，运行结果返回 1，如果键不存在，运行结果返回 0。

【例 2-3】检查键 mykey 是否存在。

```
exists = r.exists('mykey')
print(exists)
```

运行结果返回 1，说明键存在。

```
1
```

3. 删除键

delete()方法用于删除给定键，并返回被删除的键的数量。即使键不存在，也不会影响返回的数量（如果尝试删除一个不存在的键，则命令仍然会执行成功，但返回值为 0）。

【例 2-4】删除键 mykey。

```
deleted = r.delete('mykey')
print(deleted)
```

运行结果返回 1，说明删除了 1 个键。

```
1
```

4. 批量设置多个键值对

mset()方法用于同时设置一个或多个键值对。如果某个 key 已经存在，那么它原来的值将被新值覆盖。返回值返回 OK，表示命令执行成功。mget()方法用于获取一个或多个键的值。如果某个键不存在，则该键返回 nil。

【例 2-5】批量写入数据。

```
data = { 'key1': 'value1','key2': 'value2','key3': 'value3'}
r.mset(data)
values = r.mget('key1', 'key2', 'key3')
print(values)
```

运行结果如下，可以看到设置的多个 key 的值。

```
[b'value1', b'value2', b'value3']
```

要获取多个键的值，也可以传入键的列表，代码如下。

```
keys = ['key1', 'key2', 'key3']
values = r.mget(keys)
print(values)
```

运行结果同上。

```
[b'value1', b'value2', b'value3']
```

5．批量删除键

要批量删除键，依然使用 delete()方法，需要传入多个键名。

【例 2-6】批量删除键 key1、键 key2、键 key3。

```
deleted=r.delete('key1', 'key2', 'key3')
print(deleted)
```

运行结果返回 3，说明删除了 3 个键。

```
3
```

2.3.2 哈希表操作

Redis 哈希表类似于编程语言中的字典或哈希表，是一种存储键值对集合的数据结构，并且每个键都是与一个哈希表相关联的。在一个哈希表中可以存储多个键值对，其中每个键值对的键都是唯一的，但是值可以是字符串、数字、另一个哈希表等。

1．存储哈希表

hset()方法用于为哈希表中的字段赋值。在执行 hset()方法时，需要传入哈希表的名称、要设置或更新的字段名、字段的值。如果哈希表不存在，则一个新的哈希表会被创建并执行 hset 操作。如果字段已经存在于哈希表中，则该字段的值将被更新；如果字段不存在，则该字段将被添加。对于返回值，如果字段是新添加的，并且被成功设置，则返回 1。如果字段已经存在，并且被成功更新，则返回 0。

【例 2-7】使用 hset()方法存储哈希表。

```
h1=r.hset('myhash', 'field1', 'value1')
h2=r.hset('myhash', 'field2', 'value2')
print(h1,h2)
```

运行结果返回 1，说明字段是新添加的，并且被成功设置。

```
1 1
```

2．获取哈希表中指定字段的值

hget()方法用于获取存储在哈希表中指定字段的值，在 hget()方法中需要传入哈希表的名称和想要从哈希表中获取的字段的名称。

【例 2-8】获取哈希表 myhash 中 field1 字段的值。

```
field_value = r.hget('myhash', 'field1')
print(field_value)
```

运行结果如下。

```
b'value1'
```

3．同时获取多个哈希表字段的值

hmget()方法用于获取存储在哈希表中的一个或多个指定字段的值。该方法接收两个参

数，分别是哈希表的名称和一个字段名列表，运行结果也返回一个列表，列表中的元素顺序与字段名列表中的顺序相对应。如果获取的字段名称不存在，则返回 None。

【例 2-9】获取哈希表 myhash 中 field1、field2、field3 字段的值。

```
values = r.hmget('myhash', ['field1', 'field2', 'field3'])
print(values)
```

运行结果如下。

```
[b'value1', b'value2', None]
```

4. 获取哈希表中所有的字段和值

hgetall()方法用于返回哈希表中所有的字段和值，使用时只需要传入哈希表的名称。它的返回值是一个字典，其中字典的键是哈希表中的字段名，字典的值是键对应的字段值。

【例 2-10】获取哈希表 myhash 中所有的字段和值。

```
hash_data = r.hgetall('myhash')
print(hash_data)
```

运行结果如下。

```
{b'field1': b'value1', b'field2': b'value2'}
```

5. 批量删除哈希表字段

hdel()方法用于删除存储在哈希表中的一个或多个字段。这个方法至少接收两个参数，分别是哈希表的名称和一个或多个要删除的字段名。如果删除成功，将返回被删除的字段数量；如果没有字段被删除（比如字段名不存在），则返回 0。但是要注意该方法返回的是被成功删除的字段数量，如果某个字段名不存在，则它会被忽略，不计入返回值。

【例 2-11】删除哈希表 myhash 中的 field1、field2、field3 字段。

```
deleted=r.hdel('myhash', 'field1', 'field2', 'field3')
print(deleted)
```

运行结果如下，因为没有 field3 字段，所以返回值为 2。

```
2
```

6. 删除哈希表

delete()方法也可以用于删除数据库中的一个或多个哈希表。使用时需传入哈希表的名称，并返回被删除的哈希表数量。如果某个哈希表不存在，则它会被忽略，不计入返回值。

【例 2-12】删除哈希表 myhash。

```
r.hset('myhash', 'field1', 'value1')
deleted=r.delete('myhash')
print(deleted)
```

运行结果返回 1，说明删除了 1 个哈希表。

```
1
```

2.3.3 列表操作

列表是 Redis 提供的一种数据结构，它实际上是一个简单的字符串列表，按照添加顺序排列。redis-py 提供了丰富的操作接口，用于与 Redis 中的列表进行交互，下面将详细介绍。

1. 添加元素

使用 lpush()方法向列表的左侧或使用 rpush()方法向列表的右侧添加元素。这两种方法至少需要两个参数，第一个参数是列表的名称，其余的参数则是要添加到列表中的值。如果列表不存在，则会创建一个空列表并执行添加操作。需要注意的是，这两种方法的返回值是执行添加操作后列表的长度。

【例 2-13】向列表 mylist 左侧添加值 value1，向列表 mylist 右侧添加值 value2。

```
push1=r.lpush('mylist', 'value1')
print(push1)
```

此时返回值是 1，说明列表的长度为 1。

```
1
```

向 mylist 列表右侧添加数据。

```
push2=r.rpush('mylist', 'value2')
print(push2)
```

此时返回值是 2，说明列表的长度为 2。

```
2
```

【例 2-14】向列表 mylist 中批量添加元素。

```
# 向列表的右侧批量添加元素
r.rpush('mylist', 'element1', 'element2', 'element3')
# 向列表的左侧批量添加元素
r.lpush('mylist', 'element0', 'element-1', 'element-2')
```

2. 获取列表元素

lrange()方法用于获取列表中指定区间内（左闭右开）的元素，需要传入列表的名称、起始索引和结束索引。其中，索引是从 0 开始的，表示列表的第一个元素，1 表示列表的第二个元素，以此类推。也可以使用负数下标表示，-1 表示列表的最后一个元素，-2 表示列表的倒数第二个元素，以此类推。lrange()方法的返回值是一个列表，包含指定区间内的所有元素。如果列表中的元素数量少于指定区间的数量，则返回实际存在的所有元素。

【例 2-15】获取列表 mylist 的所有元素。

```
list_data = r.lrange('mylist', 0, -1)
print(list_data)
```

运行结果如下。

```
[b'element-2', b'element-1', b'element0', b'value1', b'value2', b'element1', b'element2', b'element3']
```

3. 获取列表的长度

llen()方法用于获取列表的长度,需要在方法中传入列表的名称。返回值是整数类型的值,表示列表中元素的数量。如果指定的列表名不存在,则 llen()方法将返回 0。

【例 2-16】获取列表 mylist 的长度。

```
list_length = r.llen('mylist')
print(list_length)
```

运行结果如下。

```
8
```

2.3.4 集合操作

Redis 的集合是一个无序的、不包含重复元素的字符串集合。下面是各种操作的详细介绍。

1. 添加元素

sadd()方法用于向集合中添加元素,需要传入要添加元素的集合的名称,以及添加到集合中的成员。返回值是成功添加的新元素的数量,如果某个元素已经存在于集合中,则不会增加计数。

【例 2-17】向集合 myset 中添加元素。

添加单个元素。

```
r.sadd('myset', 'value1')
r.sadd('myset', 'value2')
```

批量添加元素。

```
r.sadd('myset', 'element1', 'element2', 'element3')
```

2. 获取集合中的所有元素

smembers()方法用于获取集合中的所有元素,需要在方法中传入集合的名称。返回值是一个集合,包含要查询集合中的所有元素。

【例 2-18】获取集合 myset 中的所有元素。

```
set_data = r.smembers('myset')
print(set_data)
```

运行结果如下。

```
{b'value2', b'value1', b'element1', b'element3', b'element2'}
```

3. 检查元素是否存在于集合中

sismember()方法用于检查元素是否存在于集合中,在方法中传入要查询的集合的名称及元素,返回结果是布尔类型的 True 或 False(也可能是 0 或 1,取决于连接数据是否设置了 decode_responses 的值)。sismember()方法的时间复杂度是 O(1),这意味着无论集合中有多少元素,判断一个元素是否存在的操作都是非常快的。

【例 2-19】判断集合 myset 中 value1 是否存在。

```
is_member = r.sismember('myset', 'value1')
print(is_member)
```

运行结果如下,返回 1,说明 value1 存在。

```
1
```

4.删除集合元素

srem()方法用于从集合中删除一个或多个元素,使用时需要指定要删除元素的集合名称,以及一个或多个要删除的元素,执行成功后,srem()方法会返回被成功删除的元素的个数。

【例 2-20】从集合 myset 中删除元素。

删除单个元素。

```
r.srem('myset', 'element3')
set_data = r.smembers('myset')
print(set_data)
```

运行结果如下,可以看到剩余的元素。

```
{b'element1', b'value1', b'element2', b'value2'}
```

批量删除元素。

```
r.srem('myset', 'element1', 'element5')
set_data = r.smembers('myset')
print(set_data)
```

运行结果如下。

```
{b'value1', b'value2', b'element2'}
```

2.3.5 有序集合操作

有序集合是一种不允许元素重复,且每个元素都会关联一个浮点数分数的数据结构,Redis 通过分数来为集合中的元素进行从小到大的排序。

1.添加元素

zadd()方法用于将一个或多个元素及其分数添加到有序集合中。如果元素已经存在,则更新该元素的分数。

【例 2-21】为有序集合 myzset 添加数据。

```
r.zadd('myzset', {'value1': 1, 'value2': 2})
```

2.获取有序集合中的元素

zrange()方法用于按照分数从小到大的顺序获取有序集合中的元素,还可以通过指定起始索引和结束索引,获取指定范围内的元素。

【例 2-22】获取有序集合 myzset 中的所有元素。

```
zset_data = r.zrange('myzset', 0, -1, withscores=True)
print(zset_data)
```

运行结果如下。

```
[(b'value1', 1.0), (b'value2', 2.0)]
```

如果需要输出元素及其分数,代码如下。

```
for member, score in members:
    print(f"{member}: {score}")
```

运行结果如下。

```
b'value1': 1.0
b'value2': 2.0
```

3. 获取元素的排名

zrank()方法用于获取有序集合中指定元素的排名(按照分数从小到大排序,索引从 0 开始)。

【例 2-23】获取有序集合 myzset 中 value1 的排名。

```
rank = r.zrank('myzset', 'member1')
print(rank)
```

运行结果如下。

```
0
```

4. 获取有序集合的长度

zcard()方法用于获取有序集合的长度,在方法中传入集合名称即可。

【例 2-24】获取有序集合 myzset 的长度。

```
zset_length = r.zcard('myzset')
print(zset_length)
```

运行结果如下。

```
2
```

5. 删除元素

zrem()方法用于从有序集合中删除一个或多个元素,需要在方法中传入要删除元素的集合名称,以及要删除的元素。执行成功后,zrem()方法会返回删除元素的个数,如果元素不存在,则不计入个数。

【例 2-25】删除有序集合 myzset 中的 value1。

```
zset_del=r.zrem("myzset","value1")
print(zset_del)
```

运行结果如下。

```
1
```

2.3.6 发布与订阅操作

发布与订阅是一种消息通信的模式,这种模式允许发送者发布消息,但不直接发送给特定的接收者。发布的消息被发送到"频道"(Channel,可以理解为消息的传递通道),任何订阅了该频道的客户端都可以接收到这些消息。publish()方法用来发布消息，该方法需要接收两个参数，分别为频道名称和要发布的消息。

【例 2-26】发布消息"Hello,Redis!"，并订阅。

（1）创建 fabu.py 文件并发布消息，代码如下。

```
import redis
r = redis.Redis(host='localhost', port=6379, db=0)
r.publish('mychannel', 'Hello, Redis!')
```

（2）创建 dingyue.py 文件并监听消息发布，代码如下。

```
import redis
r = redis.Redis(host='localhost', port=6379, db=0)
pubsub = r.pubsub()
pubsub.subscribe('mychannel')
for message in pubsub.listen():
    print(message["data"])
```

（3）先运行 dingyue.py 文件并打开监听，不要停止运行；再运行 fabu.py 文件，回到 dingyue.py 文件的控制台即可看到发布的消息。

```
b'Hello, Redis!'
```

（4）停止 dingyue.py 文件的运行。

2.4 高级功能

2.4.1 事务操作

在 redis-py 中，通常使用 pipeline 来模拟事务的行为，虽然 Redis 的 pipeline 并不完全等同于传统数据库中的事务，但在很多场景下，它可以作为事务的替代方案。

【例 2-27】一次性完成设置键值对的值和获取键值对的值。

```
# 开启事务
pipe = r.pipeline()
# 执行事务操作
pipe.set('key1', 'value1')
pipe.set('key2', 'value2')
pipe.get('key1')
pipe.get('key2')
# 提交事务
result = pipe.execute()
print(result)
```

运行结果如下，前两个"True"为设置键值对成功的返回值，后两个值是获取键对应的值。

```
[True, True, b'value1', b'value2']
```

2.4.2 过期时间和持久化

setex()方法用于在添加键值对的同时设置过期时间。这在 redis-py 中可以通过直接调用 setex()方法实现，如 r.setex('key_name', 10, 'value')，表示会设置键 key_name 的值为 value，并将过期时间设置为 10 秒。

ttl()方法用于获取键的剩余过期时间（以秒为单位）。如果返回值为-1，则表示键没有设置过期时间或已经过期但被惰性删除（即未被实际物理删除，但在下次访问时不会被返回）。

【例 2-28】设置键 mykey 的值为 myvalue，并在 60 秒后过期。

```
#先添加键 mykey
r.set('mykey', 'myvalue')
value = r.get('mykey')
print(value)
```

运行结果如下。

```
b'myvalue'
```

设置键的过期时间（单位为秒）。

```
r.setex('mykey', 60, 'myvalue')
time.sleep(5)
# 获取键的剩余生存时间
ttl = r.ttl('mykey')
print(ttl)
```

运行结果如下，输出 55，表示键的剩余生存时间为 55 秒。

```
55
```

如果想要数据持久化，可以使用 save()方法。

```
# 持久化数据到磁盘中
r.save()
```

2.4.3 分布式锁

分布式锁是一种用于分布式系统中控制对共享资源的访问的技术。在分布式系统中，多个进程（可能运行在不同的机器上）需要访问共享资源，如数据库、缓存等，这时就需要一种机制来确保在同一时间只有一个进程能够访问这些资源，以避免数据不一致或访问冲突。随着 Redis 的发展，更推荐使用 set()方法的 nx（Not Exists，不存在则设置）和 ex（Expiration，设置键的过期时间，单位为毫秒）选项来更简洁地实现分布式锁。

【例 2-29】设置分布式锁。

```
# 获取分布式锁
lock_acquired = r.set('mylock', 'locked', nx=True, ex=10)
if lock_acquired:
    # 执行需要加锁的操作
    print('Lock acquired. Performing critical section.')
    # 释放锁
```

```
    r.delete('mylock')
else:
    print('Failed to acquire lock. Another process holds the lock.')
```

上述代码表明使用set()方法来设置一个键值对作为分布式锁。其中，参数nx = True 表示只有当键mylock不存在时才设置该键，即实现了原子性的加锁操作；参数ex = 10 表示设置了该键的过期时间为10秒，以防止锁被长时间占用。如果lock_acquired为True，表示成功获取了锁。在这种情况下，可以执行需要加锁的操作，然后使用r.delete('mylock')释放锁，让其他进程有机会获取锁。如果lock_acquired为False，表示获取锁失败，说明另一个进程已经持有了该锁。在这种情况下，可以执行相应的逻辑，如等待一段时间后再尝试获取锁或执行备选方案。需要注意的是，在释放锁之前，应确保只有获取锁的进程才能删除该键。这可以通过在设置锁的同时为其设置一个唯一的标识符来实现，以便在释放锁时进行验证。

2.5 项目实践：通过 Python 操作 Redis 实现分布式锁

要求：编写 DistributedLock 类用于初始化分布式锁实例，其中 acquire()方法用于获取锁，release()方法用于释放锁。

```python
import redis
import time
import uuid
class DistributedLock:
    def __init__(self, redis_client, lock_key):
        self.redis_client = redis_client
        self.lock_key = lock_key
        self.lock_value = None
        self.lock_timeout = 60  # 锁超时时间，默认为60秒

    def acquire(self):
        self.lock_value = str(uuid.uuid4())
        end = time.time() + self.lock_timeout
        while time.time() < end:
            if self.redis_client.setnx(self.lock_key, self.lock_value):
                self.redis_client.expire(self.lock_key, self.lock_timeout)
                return True
            elif not self.redis_client.ttl(self.lock_key) > 0:
                # 如果锁已存在但没有设置超时时间，则尝试设置
                self.redis_client.expire(self.lock_key, self.lock_timeout)
            time.sleep(0.01)
        return False  # 如果在超时前没有获取锁，则返回 False

    def release(self):
        with self.redis_client.pipeline() as pipe:
            while True:
```

```
            try:
                pipe.watch(self.lock_key)
                if pipe.get(self.lock_key) == self.lock_value:
                    pipe.multi()
                    pipe.delete(self.lock_key)
                    if pipe.execute()[0] == 1:
                        return True
                pipe.unwatch()
                break
            except redis.exceptions.WatchError:
                # 如果锁在watch()方法和execute()方法之间被修改了，则重试
                continue
    return False
```

使用分布式锁示例。

```
if __name__ == "__main__":
    redis_client = redis.Redis(host="localhost", port=6379, db=0)
    lock = DistributedLock(redis_client, "my_lock_key")

    if lock.acquire():
        print("获取锁成功，执行业务逻辑...")
        time.sleep(10)  # 模拟执行业务逻辑
        lock.release()
        print("释放锁成功")
    else:
        print("获取锁失败")
```

本章小结

本章主要介绍了什么是键值对存储数据库 Redis，Redis 数据库的安装和使用方法及用 Python 操作 Redis 数据库的各种方法，比较难理解的部分是高级功能，尤其是分布式锁部分。分布式锁除了 Python 和 Redis 可以实现，还有其他方式可以实现，如 Python 使用 ZooKeeper 实现分布式锁、Python 使用 Etcd 实现分布式锁等。与此同时，通过学习不同的分布式锁解决方案，学生可以提高自己解决问题的能力，以及面对问题提出更优解的能力。

课后习题

1. 在键值对操作中，设置键值对的关键字是（　　）。
   A．exists　　　　B．get　　　　C．set　　　　D．delete
2. 获取指定哈希表字段的值的关键字是（　　）。
   A．hget　　　　B．hset　　　　C．hdel　　　　D．hgetall

3．获取列表长度的关键字是（　　）。
A．lpush　　　　　B．lrange　　　　C．rpush　　　　D．llen
4．在集合操作中，（　　）用于检查元素是否存在于集合中。
A．smembers　　　B．sismember　　C．srem　　　　D．sadd
5．使用（　　）方法可以向有序集合中添加元素。
A．append()　　　B．set()　　　　C．zadd()　　　D．sadd()

项目实训

要求：独立安装 Redis 服务及 Redis 在 Python 中的包，完成下面的操作。
1．设置 hobby（爱好）相关键值对，数据如下。

```
hobby1:reading , hobby2:swimming , hobby3:running ,hobby4:drawing ,
hobby5:writing ,hobby6:singing ,hobby7:dancing , hobby8:cooking,
hooby9:playingVideoGames ,hobby10:surfing
```

2．发布消息"myHobby"，并订阅查看内容。

第 3 章 列式存储数据库 HBase

◎ 学习导读

HBase 是 Apache Hadoop 生态系统的一部分，用于存储非结构化和半结构化数据。HBase 的名称来源于 Hadoop Database，意味着它构建在 Hadoop 分布式文件系统（Hadoop Distributed File System，HDFS）之上，特别适合需要高性能随机读写的应用场景。

◎ 知识目标

理解 HBase 的数据模型
掌握 HBase 的环境搭建
掌握 HBase 的 Shell 操作

◎ 素养目标

培养自主学习的能力
培养独立思考问题的能力

3.1 认识 HBase

HBase 是一个在 HDFS 上开发的面向列的分布式数据库。当需要对大数据进行随机、实时读写访问时，HBase 就非常适用。它的目标是在商品硬件集群上管理非常大的表。HBase 模仿了 Google 的 BigTable（结构化数据的分布式存储系统），正如 BigTable 利用 Google 文件系统提供的分布式数据存储一样，HBase 在 Hadoop 和 HDFS 之上提供了类似 BigTable 的功能，下面将详细介绍 HBase。

3.1.1 HBase 概述

HBase 是一个开源的、分布式的、可扩展的非关系数据库，用来存储大量的数据表，提供高可靠性、高性能的实时读写访问。它特别适合存储非结构化和半结构化数据，适用于大规模的数据仓库和数据分析应用。HBase 利用 HDFS 来存储数据，并提供了高可用性和可扩展性，能够处理 PB 级别的数据。

HBase 的设计哲学是"NoSQL"，即不使用传统的关系数据库模型，而是采用更灵活的数据存储和检索方式，适合数据仓库和数据分析场景。它允许数据水平扩展，通过增加更多的节点来提高性能和存储容量，而不必进行复杂的数据库重构或迁移。

HBase 的优势和特点如下。

（1）高吞吐量和低延迟：HBase 支持高吞吐量的数据读写操作，采用基于内存的数据访问方式，实现低延迟的数据读写。

（2）灵活的数据模型：HBase 支持存储非结构化和半结构化数据，能够处理稀疏矩阵模型的数据。

（3）高可用性和容错性：HBase 采用分布式架构，支持数据的冗余备份和负载均衡，确保数据的高可用性和容错性。

（4）良好的伸缩性：HBase 支持水平扩展，可以轻松应对大规模数据的存储和处理需求。

3.1.2 HBase 的应用场景

HBase 的应用场景主要包括大规模数据存储、实时数据分析、广告营销、车联网等领域，具体如下。

（1）大规模数据存储：HBase 适用于存储 PB 级别的海量数据，支持数据的水平扩展和无限扩展。

（2）实时数据分析：HBase 支持实时数据的写入和查询，通过与 Hadoop 的实时计算组件如 Storm 的结合，可以实现实时数据分析和处理。

（3）广告营销：HBase 可以存储广告营销中的画像特征、用户事件、点击流等重要数据，提供高并发和低延迟的特性，帮助构建实时竞价和广告定位投放系统。

（4）车联网：HBase 适用于存储车联网中的行驶轨迹、车辆状况、精准定位等重要数据，提供低成本、弹性、灵活可靠的特性。

（5）用户画像：HBase 可以构建精准的用户画像，适用于市场决策、推荐系统等。

常见的应用情景如下。

1．搜索引擎的应用

HBase 作为搜索引擎的存储基础设施，首先，通过网络爬虫持续不断地从网络上抓取新页面，并将页面内容存储到 HBase 中，爬虫可以插入和更新 HBase 中的内容；然后，用户可以利用 MapReduce 在整张表上计算并生成索引列表，为网络搜索做准备；接着，用户发起搜索请求；最后，搜索引擎查询建立好的索引列表，获取文档索引后，再从 HBase 中获取对应的文档内容，最后将搜索结果提交给用户。

2．广告效果和点击流

在线广告是互联网产品的一项主要收入来源。互联网企业提供免费的服务给用户，在用户使用服务时投放广告给目标用户。这种精准投放首先需要针对用户的交互数据进行详细的捕获和分析，以理解用户的特征；再基于这种特征，选择并投放广告。企业可使用精细的用户交互数据建立更优的模型，进而获得更好的广告投放效果和更多的收入。

这些用户交互类数据有两个特点：以连续流的形式出现，且很容易按用户划分。在理想情况下，这种数据一旦产生就能够马上使用。

HBase 非常适合收集这种用户交互数据，并已经成功地应用在相关领域。它可以增量捕获第一手点击流和用户交互数据，然后用不同的处理方式来处理这些数据，电商和广告监控行业都已经熟练地使用了类似的技术。

例如，淘宝的实时个性化推荐服务，就将推荐结果存储在 HBase 中，广告相关的用户建模数据也存储在 HBase 中。用户模型多种多样，可以应用于多种不同场景，例如，针对特定用户投放什么广告，用户在电商门户网站上购物时是否实时报价等。

3．滴滴打车软件的应用

滴滴打车软件中有一些对 HBase 的简单操作，如 Scan 和 Get。每个操作可以应用于不同的场景，例如 Scan 可以衍生出时序和报表。可以将时序应用到轨迹设计中，将业务 ID、时间戳和轨迹位置作为整体建立时序。另外，在资产管理中，Scan 可以将资产状态划分为不同阶段，对资产 ID、时间戳、资产状态等信息建立时序。Scan 在报表中的应用也非常广泛，其实现有多种方式，主流方法是通过 Phoenix。使用标准的 SQL 语句操作 HBase 做联机事务处理时，需要注意主键及二级索引设计。报表会以用户历史行为、历史事件及历史订单为需求进行详细设计。

3.2　HBase 的数据模型

HBase 的数据模型基于列，允许用户在不改变表结构的情况下动态添加数据。它支持数据的多个版本，通过时间戳来建立索引，提供了数据的版本控制。

3.2.1　HBase 的数据存储结构

HBase 底层使用 Key Value（KV）数据类型进行存储，但是用户无须关心底层的存储逻辑，只需要了解其表结构的存储即可。HBase 数据存储依靠 HDFS，HDFS 存储数据具有一次写入、多次读取的特点且不支持对数据进行修改，但是 HBase 存储数据类型为 KV 型，通过对相同的 K 再次写入，根据 TimeStamp 不可逆的特点，每次新写入的数据的时间戳都比上一个数据的时间戳大，从而完成版本号的维护和数据的更新。

HBase 的数据模型主要由 RowKey、Column Family、Column Qualifier 和 TimeStamp 这 4 部分组成，具体如下。

（1）RowKey：行的主键，HBase 中的数据是按 RowKey 的字典顺序进行排序的。

（2）Column Family（列族）：表的 Schema 的一部分，在表定义时确定，后期不易变更。一个表中可以有多个 Column Family，每个 Column Family 下可以有一个或多个 Column Qualifier。

（3）Column Qualifier（列限定符）：Column Family 下的具体列，每个列限定符都必须属于一个列族。

（4）TimeStamp：每个 Cell（在 3.2.2 节中有说明）的一个版本信息，用时间戳标记，是数据的版本号，用来实现版本控制。

HBase 的数据存储逻辑结构如图 3-1 所示，存储数据稀疏，数据存储多维，不同的行具有不同的列；数据存储整体有序，按照 RowKey 的字典顺序进行排列，RowKey 为 Byte 数组。

	Column Family					
	Column Qualifier	personal_info			office_info	
	RowKey	name	city	phone	tel	address
RowKey	row_key1	张三	北京	131********	010-11111111	atguigu
	row_key11		上海	132********	010-11111111	
	row_key2	王五	广州		010-11111111	atguigu
	row_key3		深圳	187********		atguigu
	row_key4	李四	大连	134********		atguigu
	row_key5	大壮		139********		atguigu
	row_key6	周芳	武汉		010-11111111	atguigu
	row_key7	赵六	保定	158********	010-11111111	

图 3-1　HBase 的数据存储逻辑结构

HBase 的物理存储结构为数据映射关系，但是在概念视图的空单元格中底层实际根本不存储。物理存储结构如图 3-2 所示。

	personal_info		
RowKey	name	city	phone
row_key1	张三	北京	131********
row_key11		上海	132********
row_key2	王五	广州	

RowKey	Column Family	Column Qualifier	TimeStamp	Type
row_key1	personal_info	name	t1	Put
row_key1	personal_info	city	t2	Put
row_key1	personal_info	phone	t3	Put

图 3-2　HBase 的物理存储结构

3.2.2 HBase 的数据存储概念

HBase 中重要的数据存储概念如下。

（1）Namespace：命名空间，类似于关系数据库的 Database 概念，每个命名空间下有多个表。HBase 有两个自带的命名空间，分别是 hbase 和 default，hbase 中存放的是 HBase 内置的表，default 是用户默认使用的命名空间。

（2）Table：类似于关系数据库的表概念。不同的是，HBase 定义表时只需要声明列族即可，不需要声明具体的列。因为数据存储是稀疏的，所以向 HBase 写入数据时，字段可以动态、按需指定。因此，和关系数据库相比，HBase 能够轻松应对字段变更的场景。

（3）Row：HBase 表中的每行数据都由一个 RowKey 和多个 Column（列）组成，数据是按照 RowKey 的字典顺序存储的，并且查询数据时只能根据 RowKey 进行检索，所以 RowKey 的设计十分重要。

（4）Column：HBase 中的每列都由 Column Family（列族）和 Column Qualifier（列限定符）进行限定，如 info：name 和 info：age。在建表时，只需要指明列族，而列限定符无须预先定义。

（5）TimeStamp：用于标识数据的不同版本（Version），每条数据在写入时，系统会自动为其加上该字段，其值为写入 HBase 的时间。

（6）Cell：由{RowKey, Column Family:Column Qualifier, TimeStamp}唯一确定的单元。Cell 中的数据全部以字节码形式存储。

（7）Region：HBase 按照 Split 策略将一张表横向切分成多个 Region，每个 Region 实际上是一个文件夹，每个 Region 包含一定范围的 RowKey，Region 之间互不相交，从而实现表的分布式存储。

（8）Store：HBase 将每个 Region 按照列族进一步细分，Region 中包含 0 个或多个 Store，一个 Store 包含一个列族。在 HBase 中创建多个列族，就会形成多个 Store，保存在 Region 中。如果 Store 数量过多，则 Region 将会被拆分，形成多个 Region。

上述概念在数据中的对应关系如图 3-3 所示。

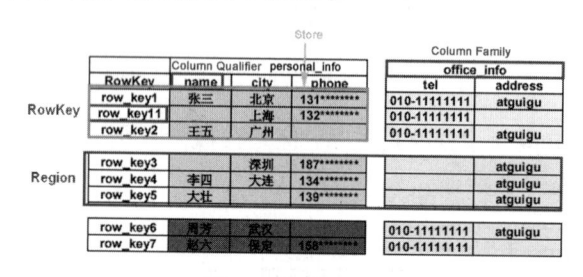

图 3-3 对应关系

3.2.3 HBase 的基本架构

HBase 的 RowKey 是每条记录的唯一标识，用于快速查找。此外，HBase 还支持多种客户端的访问接口，包括 HBase Shell（命令行工具）、Thrift Gateway（支持多种语言）、REST Gateway（支持 REST 风格的 HTTP API 访问），以及 Pig 和 Hive（用于数据处理和分析）。

HBase 的架构包括以下几个关键组件。

1. HMaster

角色：HBase 集群的主节点。

职责：负责管理整个集群的元数据、负载均衡、Region 的分配和 Region Server 的监控。它维护了整个集群的状态信息，根据需要将 Region 分配给不同的 Region Server 来实现负载均衡，还负责处理表格的创建、删除和修改等元数据操作。

2. Region Server

角色：HBase 集群的工作节点。

职责：负责实际存储数据并处理读写请求。每个 Region Server 可以管理多个 Region，每个 Region 都存储了表格的一个子集数据。Region Server 处理客户端的读写请求，包括数据的读取、写入和删除。

3. ZooKeeper

角色：分布式协调服务。

职责：用于管理 HBase 集群的状态信息、配置信息和领导者选举等任务。HBase 使用 ZooKeeper 来实现高可用性和集群协调功能，例如选举 Master 节点和监控 Region Server 的状态变化。

4. HDFS

角色：HBase 的底层存储层。

职责：将数据分布式存储在 HDFS 的文件块中。HDFS 提供了高可靠性、高容量和高吞吐量的分布式文件存储，适合存储 HBase 的数据。

5．HBase Client

角色：与 HBase 交互的应用程序。

职责：通过 HBase Client 可以执行对 HBase 的读写操作。HBase Client 通过与 HMaster 和 Region Server 通信来管理元数据、请求 Region 分配、执行数据操作等。

这些组件共同协作，构成了 HBase 的体系结构，实现了分布式、高可用的数据存储和访问功能。其中，HMaster 和 Region Server 是 HBase 架构中的核心组件，它们分别负责管理和处理集群的元数据与数据操作。ZooKeeper 和 HDFS 则提供了分布式协调和底层存储的支持，确保了 HBase 的高可用性和数据可靠性。而 HBase Client 则为用户提供了与 HBase 进行交互的接口，使得用户可以方便地执行数据的读写操作。

HBase 基本架构示意图如图 3-4 所示。

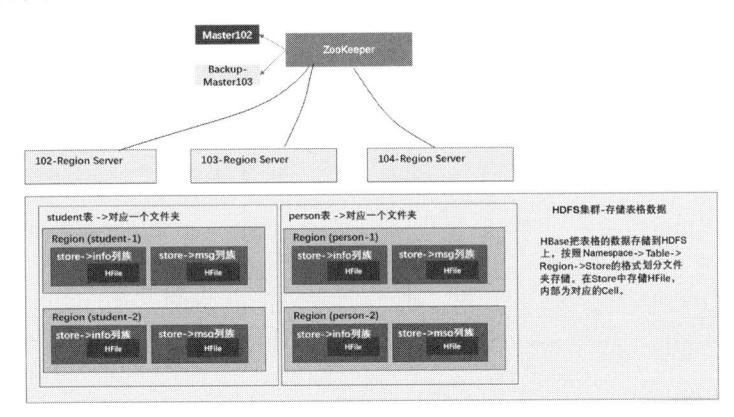

图 3-4　HBase 基本架构示意图

图中 Master 的具体实现类为 HMaster，通常部署在 NameNode 上，负责通过 ZooKeeper 监控 Region Server 的进程状态，同时是所有元数据变化的接口。此外，其还能内部启动监控执行 Region 的故障转移和拆分的线程。

Region Server 的具体实现类为 HRegionServer，通常部署在 DataNode 上，负责数据 Cell 的处理。此处，区域的拆分与合并也由 Region Server 来实际执行。

3.3　HBase 安装部署

3.3.1　环境准备

1．查看是否安装了 Java 环境

在 cmd 命令窗口中输入"java -version"，查看 Java 的版本，运行结果如下。

```
C:\Users\Administrator>java -version
```

```
java version "1.8.0_381"
Java(TM) SE Runtime Environment (build 1.8.0_381-b09)
Java HotSpot(TM) 64-Bit Server VM (build 25.381-b09, mixed mode)
```

可以看出 Java 的版本为 1.8，如果安装了更高的 Java 版本，那么接下来的 Hadoop 和 HBase 也需要相应的兼容版本。同时，须找到 Java 的安装路径，如果忘记可以从环境变量中查看。特别注意，Java 的安装路径中不要有空格，最好也不要有中文字符。

2．安装 Hadoop

（1）下载安装包。从 Hadoop 官网下载安装包，选择版本为 hadoop-3.1.0.tar.gz，同时下载 Windows 环境安装所需的 bin 安装包（3.1.0 版本）。以上文件均可从教学资源包中获取。

（2）解压缩 Hadoop 安装包。选中上面下载的 hadoop-3.1.0.tar.gz 文件进行解压缩，解压缩后的文件目录如图 3-5 所示。

（3）替换 bin 文件夹。解压缩文件后，在上面下载的 apache-hadoop-3.1.0-winutils-master 文件夹中，复制 bin 文件夹，替换掉图 3-5 中的 bin 文件夹，结果如图 3-6 所示。

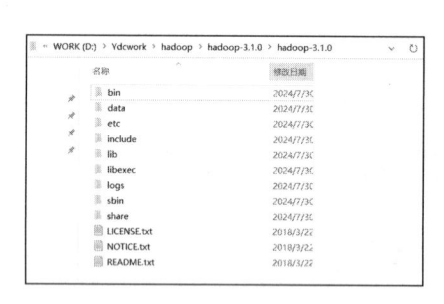

图 3-5　解压缩后的文件目录 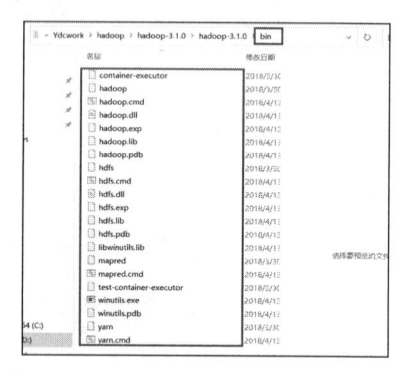　　　　　　　图 3-6　替换 bin 文件夹

（4）配置 Hadoop 环境变量。先新建 HADOOP_HOME 系统变量，再配置到环境变量 Path 中，如图 3-7 和图 3-8 所示。

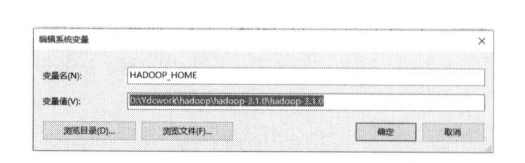

图 3-7　新建 HADOOP_HOME 系统变量 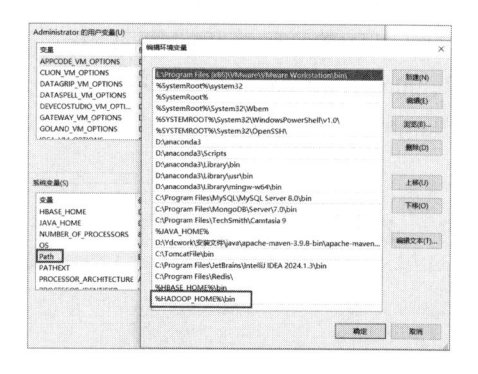　　　　图 3-8　配置 Hadoop 环境变量

（5）检测环境变量是否配置成功。在 cmd 命令窗口中输入"hadoop version"，运行结果如下所示，说明环境变量配置成功。

```
C:\Users\Administrator>hadoop version
Hadoop 3.1.0
Source code repository https://github.com/apache/hadoop -r
16b70619a24cdcf5d3b0fcf4b58ca77238ccbe6d
Compiled by centos on 2018-03-30T00:00Z
Compiled with protoc 2.5.0
From source with checksum 14182d20c972b3e2105580a1ad6990
This command was run using /D:/Ydcwork/hadoop/hadoop-3.1.0/hadoop-3.1.0/
share/hadoop/common/hadoop-common-3.1.0.jar
```

（6）配置 core-site.xml 文件。先在 D:\Ydcwork\hadoop\hadoop-3.1.0\hadoop-3.1.0\data 文件夹下新建 tmp 文件夹，再配置 core-site.xml 文件，文件路径为\hadoop-3.1.0\etc\hadoop\core-site.xml。

```xml
<configuration>
    <property>
        <name>hadoop.tmp.dir</name>
        <value>/D:/Ydcwork/hadoop/hadoop-3.1.0/hadoop-3.1.0/data/tmp</value>
    </property>
    <property>
        <name>fs.defaultFS</name>
        <value>hdfs://localhost:9000</value>
    </property>
</configuration>
```

（7）配置 mapred-site.xml 文件。文件路径为\hadoop-3.1.0\etc\hadoop\mapred-site.xml。

```xml
<configuration>
    <property>
        <name>mapreduce.framework.name</name>
        <value>yarn</value>
    </property>
    <property>
        <name>mapred.job.tracker</name>
        <value>hdfs://localhost:9001</value>
    </property>
</configuration>
```

（8）配置 yarn-site.xml 文件。文件路径为\hadoop-3.1.0\etc\hadoop\yarn-site.xml。

```xml
<configuration>
    <property>
        <name>yarn.nodemanager.aux-services</name>
        <value>mapreduce_shuffle</value>
    </property>
    <property>
        <name>yarn.nodemanager.aux-services.mapreduce.shuffle.class</name>
        <value>org.apache.hadoop.mapred.ShuffleHandler</value>
    </property>
</configuration>
```

（9）创建 datanode 和 namenode 文件夹。datanode 和 namenode 文件夹需要创建在 data 文件夹下，如图 3-9 所示。

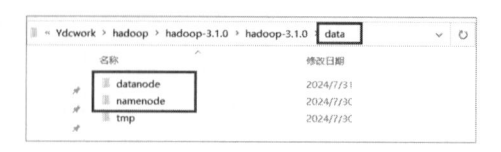

图 3-9 在 data 文件夹下新建文件夹

（10）配置 hdfs-site.xml 文件。文件路径为\hadoop-3.1.0\etc\hadoop\hdfs-site.xml。

```xml
<configuration>
   <property>
      <name>dfs.replication</name>
      <value>1</value>
   </property>
   <property>
      <name>dfs.namenode.name.dir</name>
      <value>/D:/Ydcwork/hadoop/hadoop-3.1.0/hadoop-3.1.0/data/namenode</value>
   </property>
   <property>
      <name>dfs.datanode.data.dir</name>
      <value>/D:/Ydcwork/hadoop/hadoop-3.1.0/hadoop-3.1.0/data/datanode</value>
   </property>
</configuration>
```

（11）配置 hadoop-env.sh 文件。文件路径为\hadoop-3.1.0\etc\hadoop\hadoop-env.sh。查找 export JAVA_HOME，添加 JAVA_HOME 的具体路径，如图 3-10 所示。

（12）配置 hadoop-env.cmd 文件。文件路径为\hadoop-3.1.0\etc\hadoop\hadoop-env.cmd。打开后使用查找功能，在 set JAVA_HOME 那一行将查找的 JAVA_HOME 路径配置上，如图 3-11 所示。

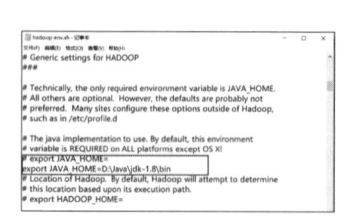

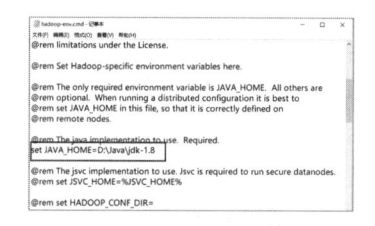

图 3-10 查找具体路径　　　　　　图 3-11 配置 hadoop-env.cmd 文件

（13）启动 HDFS 并开启所有服务。以管理员模式打开 cmd 命令窗口，切换目录进入 D:\Ydcwork\hadoop\hadoop-3.1.0\hadoop-3.1.0\bin 路径，代码如下。

```
hdfs namenode -format
```

如果没有报错，则证明配置文件没有问题。运行结果如图 3-12 所示。

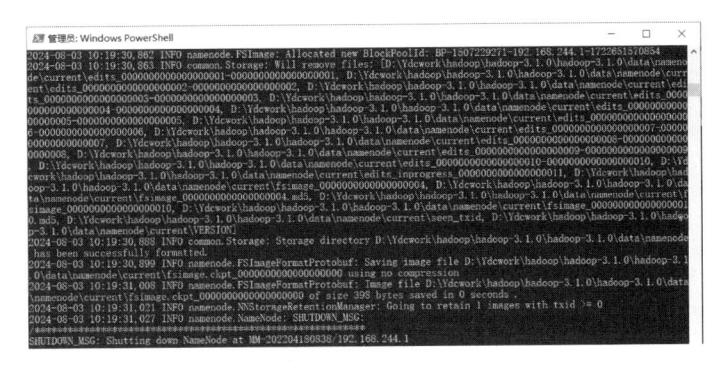

图 3-12　格式化 NameNode

不要关闭窗口，进入 D:\Ydcwork\hadoop\hadoop-3.1.0\hadoop-3.1.0\sbin 路径，输入命令开启 HDFS，代码如下。

```
.\start-dfs.cmd
```

运行结果如图 3-13 所示。

图 3-13　开启 HDFS

运行成功后，会跳出两个窗口，不要关闭，将其最小化即可。此时可以开启所有服务，代码如下。

```
.\start-all.cmd
```

运行结果如图 3-14 所示。

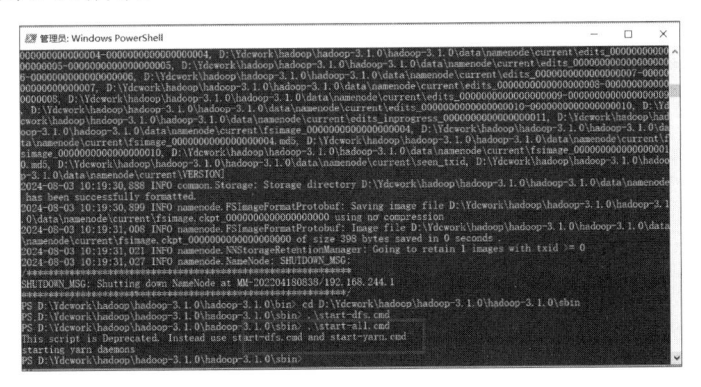

图 3-14　开启所有服务

此时一共会有 4 个窗口，分别是 NameNode、DataNode、ResourceManager、NodeManager。执行 jps 命令可以看到这 4 个进程全部启动成功，如图 3-15 所示。

图 3-15　启动成功

3.3.2　安装 HBase

（1）在 HBase 官网中下载 HBase 安装包，下载版本为 hbase-2.0.0-bin.tar.gz，下载后解压缩安装包，其文件目录如图 3-16 所示。

（2）配置环境变量。先新建 HBASE_HOME 系统变量，再配置到环境变量 Path 中，如图 3-17 和图 3-18 所示。

（3）新建 tmp 文件夹。先在 D:\Ydcwork\hbase-2.0.0 文件夹下新建 tmp 文件夹，然后在 tmp 文件夹下新建 root、tmp、zoo 三个文件夹，如图 3-19 所示。

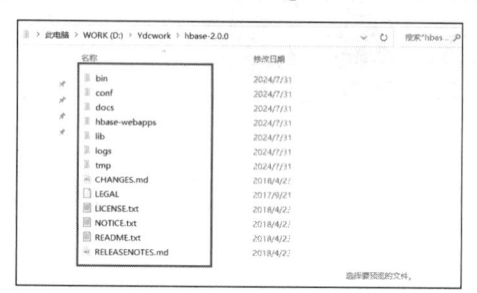

图 3-16　HBase 文件目录

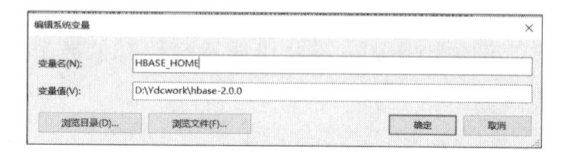

图 3-17　新建 HBASE_HOME 系统变量

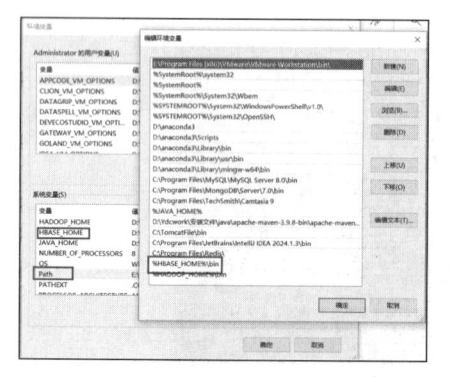

图 3-18　配置环境变量

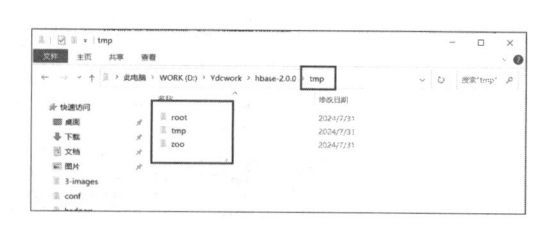

图 3-19　新建文件夹

（4）配置 hbase-env.cmd 文件。文件路径为 D:\Ydcwork\hbase-2.0.0\conf\hbase-env.cmd。在 hbase-env.cmd 文件中找到 set JAVA_HOME，把 Java 的路径配置上，如图 3-20 所示。在文件的最后配置 set HBASE_MANAGES_ZK=true，如图 3-21 所示。

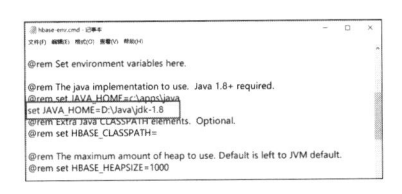

图 3-20　配置 JAVA_HOME 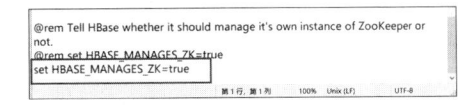　　　　图 3-21　配置 HBASE_MANAGES_ZK

（5）配置 hbase-site.xml 文件。文件路径为 D:\Ydcwork\hbase-2.0.0\conf\hbase-site.xml。注意，将 HBase 目录修改成自己的。

```xml
<configuration>
    <property>
        <name>hbase.rootdir</name>
        <!-- <value>hdfs://localhost:9000/</value> -->
        <value>file:///D:/Ydcwork/hbase-2.0.0/tmp/root</value>
    </property>
    <property>
        <name>hbase.tmp.dir</name>
        <value>D:/Ydcwork/hbase-2.0.0/tmp/root</value>
    </property>
    <property>
        <name>hbase.zookeeper.quorum</name>
        <value>127.0.0.1</value>
    </property>
    <property>
        <name>hbase.zookeeper.property.dataDir</name>
        <value>D:/Ydcwork/hbase-2.0.0/tmp/zoo</value>
    </property>
    <property>
        <name>hbase.cluster.distributed</name>
        <value>false</value>
    </property>
<property>
    <name>hbase.unsafe.stream.capability.enforce</name>
    <value>false</value>
</property>
</configuration>
```

到这里 HBase 的安装与配置就完成了。

3.3.3　启动 HBase

（1）启动 Hadoop。启动 HBase 之前需要先启动 Hadoop，在 cmd 命令窗口中切换到

Hadoop 的 sbin 目录下并启动所有服务，如图 3-22 所示。

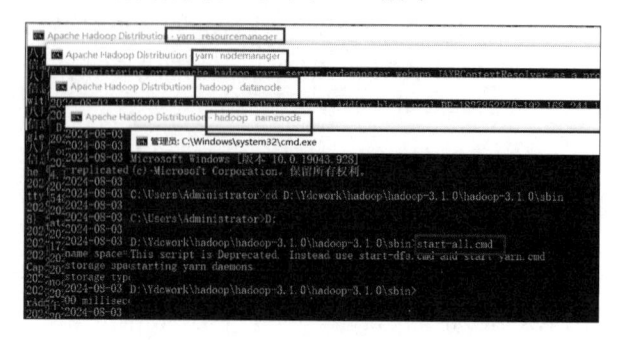

图 3-22　启动 Hadoop 的所有服务

（2）启动 HBase。切换到 HBase 的 bin 目录下，输入"start-hbase.cmd"，启动 HBase，如图 3-23 所示。

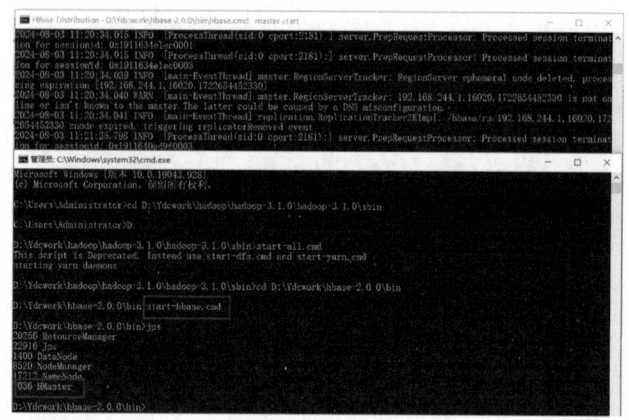

图 3-23　启动 HBase

（3）访问页面。通过访问页面判断 HBase 是否启动成功，访问地址为 http://127.0.0.1:16010/master-status，如图 3-24 所示。

图 3-24　访问页面

（4）进入 HBase Shell。在 cmd 命令窗口中输入"hbase shell"命令进入 HBase Shell，代码如下。

```
D:\Ydcwork\hbase-2.0.0\bin>hbase shell
```

```
HBase Shell
Use "help" to get list of supported commands.
Use "exit" to quit this interactive shell.
Version 2.0.0, r7483b111e4da77adbfc8062b3b22cbe7c2cb91c1, Sun Apr 22 20:26:55
PDT 2018
Took 0.0020 seconds
hbase(main):001:0>
```

（5）输入"exit"命令，退出 Shell。

```
hbase(main):001:0> exit

D:\Ydcwork\hbase-2.0.0\bin>
```

3.4　HBase 的 Shell 操作

3.4.1　基本操作

（1）查看数据库版本：使用 version 命令，代码如下。

```
hbase(main):001:0> version
2.0.0 , r7483b111e4da77adbfc8062b3b22cbe7c2cb91c1, Sun Apr 22 20:26:55 PDT
2018
Took 0.0010 seconds
hbase(main):002:0>
```

（2）查看数据库中所有的表：使用 list 命令，代码如下。

```
hbase(main):002:0> list
TABLE
0 row(s)
Took 0.5750 seconds
=> []
hbase(main):003:0>
```

（3）查看数据库集群状态：使用 status 命令，代码如下。

```
hbase(main):003:0> status
1 active master, 0 backup masters, 1 servers, 0 dead, 2.0000 average load
Took 0.6070 seconds
```

3.4.2　表的相关操作

1．创建表

语法如下。

```
create '表名','列族名'...
```

【例 3-1】创建学生表，表名为 student_info，该表有一个列族为 C1。

```
hbase(main):002:0> create 'student_info','C1';
```

创建成功后，可以使用 list 命令查看。

```
hbase(main):004:0> list
TABLE
student_info
1 row(s)
Took 0.0320 seconds
=> ["student_info"]
```

2．插入数据

在 HBase 中，可以使用 put 命令将数据保存到表中。但 put 命令一次只能保存一个列的值，语法如下。

```
put '表名','rowkey','列族名:列名','值'
```

【例 3-2】在 student_info 表中添加如下数据。

学号：0001，姓名：Nicole，性别：女，年龄：25，入学时间：2024-09-01，在校情况：1。

```
hbase(main):005:0> put 'student_info','0001','C1:stuno','0001'
Took 0.1130 seconds
hbase(main):006:0> put 'student_info','0001','C1:name','Nicole'
Took 0.0020 seconds
hbase(main):008:0> put 'student_info','0001','C1:sex','女'
Took 0.0040 seconds
hbase(main):016:0> put 'student_info','0001','C1:age',25
Took 0.0060 seconds
hbase(main):017:0> put 'student_info','0001','C1:enrollment_time','2024-09-01'
Took 0.0030 seconds
hbase(main):018:0> put 'student_info','0001','C1:state',1
Took 0.0030 seconds
```

在添加成功后，使用 scan 命令扫描，代码如下。

```
hbase(main):021:0> scan 'student_info'
ROW              COLUMN+CELL
 0001              column=C1:age, timestamp=1722840439943, value=25
 0001              column=C1:enrollment_time, timestamp=1722840462729, value=2024-09-01
 0001              column=C1:name, timestamp=1722840127303, value=Nicole
 0001              column=C1:sex, timestamp=1722840544600, value=\xC5\xAE
 0001              column=C1:state, timestamp=1722840471705, value=1
 0001              column=C1:stuno, timestamp=1722840073121, value=0001
1 row(s)
Took 0.0190 seconds
```

3．查看数据

在 HBase 中，可以使用 get 命令获取单独的一行数据，语法如下。

```
get '表名','rowkey'
```

【例 3-3】查询指定学号 0001 的数据。

```
hbase(main):026:0> get 'student_info','0001'
COLUMN                          CELL
 C1:age                         timestamp=1722840439943, value=25
 C1:enrollment_time             timestamp=1722840462729, value=2024-09-01
 C1:name                        timestamp=1722840127303, value=Nicole
 C1:sex                         timestamp=1722841078156, value=\xC5\xAE
 C1:state                       timestamp=1722840471705, value=1
 C1:stuno                       timestamp=1722840073121, value=0001
1 row(s)
Took 0.0370 seconds
```

4．更新数据

在 HBase 中，可以使用 put 命令更新数据（若数据存在，则属于更新操作；若数据不存在，则属于数据插入操作）。

【例 3-4】更新 Nicole 的年龄为 20 岁。

```
hbase(main):036:0> put 'student_info', '0001', 'C1:age', 20
Took 0.0090 seconds
hbase(main):037:0> get 'student_info','0001'
COLUMN                          CELL
 C1:age                         timestamp=1722843248505, value=20
 C1:enrollment_time             timestamp=1722840462729, value=2024-09-01
 C1:name                        timestamp=1722840127303, value=Nicole
 C1:sex                         timestamp=1722841524618, value=\xC5\xAE
 C1:state                       timestamp=1722840471705, value=1
 C1:stuno                       timestamp=1722840073121, value=0001
1 row(s)
Took 0.0160 seconds
```

HBase 会自动维护数据的版本，每当执行一次 put 命令后，都会重新生成新的时间戳，也就是上述代码中的 timestamp。

5．删除数据

在 HBase 中，可以使用 delete 命令将一个单元格的数据删除，语法如下。

```
delete '表名', 'rowkey', '列族:列'
```

注意：因为 HBase 默认会保存多个时间戳的版本数据，所以这里的 delete 命令删除的是最新时间戳版本的数据。

【例 3-5】删除 age 字段的数据。

```
hbase(main):038:0> delete 'student_info','0001','C1:age'
Took 0.0190 seconds
hbase(main):039:0> get 'student_info','0001'
COLUMN                          CELL
 C1:age                         timestamp=1722840439943, value=25
 C1:enrollment_time             timestamp=1722840462729, value=2024-09-01
 C1:name                        timestamp=1722840127303, value=Nicole
```

```
C1:sex                        timestamp=1722841524618, value=\xC5\xAE
C1:state                      timestamp=1722840471705, value=1
C1:stuno                      timestamp=1722840073121, value=0001
1 row(s)
Took 0.0170 seconds
```

因为删除了最新时间戳版本的 age 为 20 的数据，所以 age 数据回到了上一次的值 25。

6. 删除整行数据

在 HBase 中，可以使用 deleteall 命令将指定 rowkey 对应的所有列全部删除，语法如下。

```
deleteall '表名','rowkey'
```

【例 3-6】删除 rowkey 为 0001 的数据。

```
hbase(main):040:0> deleteall 'student_info','0001'
Took 0.0060 seconds
hbase(main):041:0> scan 'student_info'
ROW                   COLUMN+CELL
0 row(s)
Took 0.0040 seconds
```

7. 删除表

在 HBase 中，要删除某个表，必须先使用 disable 命令禁用表，再使用 drop 命令删除表。

【例 3-7】删除 student_info 表。

```
hbase(main):042:0> disable 'student_info'
Took 0.5310 seconds
hbase(main):043:0> drop 'student_info'
Took 0.2820 seconds
hbase(main):044:0> list
TABLE
0 row(s)
Took 0.0110 seconds
=> []
hbase(main):045:0>
```

3.5 Python 操作 HBase

3.5.1 环境准备

在 Python 中操作 HBase，需要先准备好 Python 环境，这里以 Python 3.8 为例。

1. 配置 hbase-site.xml 文件

文件目录为 D:\Ydcwork\hbase-2.0.0\conf\hbase-site.xml，编辑文件，在文件中添加如下配置。

```
<property>
  <name>hbase.regionserver.thrift.address</name>
  <value>0.0.0.0</value>
</property>
<property>
  <name>hbase.regionserver.thrift.port</name>
  <value>9090</value>
</property>
<property>
  <name>hbase.regionserver.thrift.http</name>
  <value>false</value>
</property>
```

- hbase.regionserver.thrift.address：指定 Thrift 服务监听的 IP 地址。0.0.0.0 表示监听所有网络接口。
- hbase.regionserver.thrift.port：指定 Thrift 服务监听的端口。默认为 9090。
- hbase.regionserver.thrift.http：由于 HappyBase 是基于原生的 Thrift 协议实现的 Python 客户端库，它不支持直接通过 HTTP 进行连接和数据读取。因此，如果在 HappyBase 中尝试通过 HTTP 访问 HBase Thrift 服务，可能会导致无法读取数据。要解决这个问题，可以将 hbase.regionserver.thrift.http 的值设置为 false。

2．安装 HappyBase

在 Python 中，可以使用 pip 命令安装 HappyBase，代码如下。

```
pip install happybase
```

在安装结束后没有报错，且看到 Successfully 字样，表示安装成功。

3.5.2 操作 HBase

1．启动数据库

（1）启动 Hadoop，在 cmd 命令窗口中切换到 Hadoop 的 sbin 目录下，输入"start-all.cmd"命令启动所有服务，此时会弹出 4 个框，不要关闭。

（2）启动 HBase，切换到 HBase 的 bin 目录下，输入"start-hbase.cmd"命令启动 HBase，此时会弹出一个框，不要关闭。

（3）启动 Thrift，输入"hbase thrift2 -p 9090 start"命令即可启动 Thrift，运行结果如下。

```
D:\Ydcwork\hbase-2.0.0\bin>hbase thrift2 -p 9090 start
2024-08-06 10:23:43,746 INFO  [main] metrics.MetricRegistries: Loaded
MetricRegistries class org.apache.hadoop.hbase.metrics.impl.MetricRegistriesImpl
2024-08-06 10:23:43,811 INFO  [main] util.log: Logging initialized @948ms
2024-08-06 10:23:43,853 INFO  [main] http.HttpRequestLog: Http request log
for http.requests.thrift is not defined
2024-08-06 10:23:43,866 INFO  [main] http.HttpServer: Added global filter
'safety' (class=org.apache.hadoop.hbase.http.HttpServer$QuotingInputFilter)
2024-08-06 10:23:43,866 INFO  [main] http.HttpServer: Added global filter
```

```
'clickjackingprevention' (class=org.apache.hadoop.hbase.http.
ClickjackingPreventionFilter)
2024-08-06 10:23:43,868 INFO  [main] http.HttpServer: Added filter static_
user_filter (class=org.apache.hadoop.hbase.http.lib.
StaticUserWebFilter$StaticUserFilter) to context thrift
2024-08-06 10:23:43,868 INFO  [main] http.HttpServer: Added filter static_
user_filter (class=org.apache.hadoop.hbase.http.lib.
StaticUserWebFilter$StaticUserFilter) to context logs
2024-08-06 10:23:43,868 INFO  [main] http.HttpServer: Added filter static_
user_filter (class=org.apache.hadoop.hbase.http.lib.
StaticUserWebFilter$StaticUserFilter) to context static
2024-08-06 10:23:43,895 INFO  [main] http.HttpServer: Jetty bound to port
9095
2024-08-06 10:23:43,897 INFO  [main] server.Server: jetty-9.3.19.v20170502
2024-08-06 10:23:43,927 INFO  [main] handler.ContextHandler: Started o.e.j.
s.ServletContextHandler@6fa51cd4{/logs,file:///D:/Ydcwork/hbase-2.0.0/logs/,
AVAILABLE}
2024-08-06 10:23:43,928 INFO  [main] handler.ContextHandler: Started o.e.j.
s.ServletContextHandler@710c2b53{/static,file:///D:/Ydcwork/hbase-2.0.0/
hbase-webapps/static/,AVAILABLE}
2024-08-06 10:23:44,178 INFO  [main] handler.ContextHandler: Started o.e.j.
w.WebAppContext@48b67364{/,file:///D:/Ydcwork/hbase-2.0.0/hbase-webapps/
thrift/,AVAILABLE}{file:/D:/Ydcwork/hbase-2.0.0/hbase-webapps/thrift}
2024-08-06 10:23:44,187 INFO  [main] server.AbstractConnector: Started
ServerConnector@4d6025c5{HTTP/1.1,[http/1.1]}{0.0.0.0:9095}
2024-08-06 10:23:44,187 INFO  [main] server.Server: Started @1324ms
2024-08-06 10:23:44,190 INFO  [main] thrift2.ThriftServer: starting HBase
ThreadPool Thrift server on 0.0.0.0/0.0.0.0:9090
```

此时还可以使用 jps 命令验证已经启动的服务。

```
C:\Users\Administrator>jps
10976
18596 ThriftServer
8084 Jps
19736 ResourceManager
20972 DataNode
2604 HMaster
5836 NameNode
7804 NodeManager
```

2. Python 操作数据库

（1）连接 HBase，代码如下。

```
import happybase
connection = happybase.Connection(host='localhost', port=9090)
table = connection.table("testhb:t_goods")
```

（2）添加数据，如果数据存在，则修改数据，代码如下。
```
table.put('1001', {'info:name': 'xiaomi14', 'info:price': '5999'})
table.put('1002', {'info:name': 'iphone15', 'info:price': '8999'})
table.put('1003', {'info:name': 'OPPOFindx6', 'info:price': '4766'})
```
（3）查找指定行，代码如下。
```
row = table.row('1001')
print(row)
```
（4）查看所有数据，代码如下。
```
for key, value in table.scan():
    print(key, value)
```
（5）删除指定行，代码如下。
```
table.delete('1001')
table.delete('1003', columns=['info'])
table.delete('1002', columns=['info:name', 'info:price'])
```
（6）删除指定列，代码如下。
```
table.delete('1003', columns=['info:name'])
```
（7）关闭连接，代码如下。
```
connection.close()
```

3.6 项目实践：设计水费缴费明细表

1. 要求说明

自来水公司需要存储大量的缴费明细数据，表 3-1 所示为缴费明细示例表。

表 3-1 缴费明细示例表

名称	信息
用户 ID	3919700
姓名	张三
地址	江西省新余市
性别	男
缴费时间	2024/6/24
表示数（本次）（立方）	62.5
表示数（上次）（立方）	40.5
用量（立方）	22
合计金额（元）	132
查表日期	2024/6/9
最迟缴费日期	2024/7/24

将以上数据存入数据库 HBase 中，在下一次收缴水费时可以更新缴费时间、表示数、用

量、合计金额、查表日期、最迟缴费日期等数据，而用户的基本信息保持不变。

2. 设计表格

根据数据内容及 HBase 特点设计表格如下。
- 表名：water_rate。
- 行键：用户 ID（3919700）。
- 列族名：info。
- 列名：用户 ID（ID）、姓名（name）、地址（address）、性别（sex）、缴费时间（payment_time）、表示数（本次）（立方）（ammeter_now）、表示数（上次）（立方）（ammeter_last）、用量（立方）（dosage）、合计金额（元）（total_amount）、查表日期（lookup_date）、最迟缴费日期（latest_payment）。

3. 使用 Python API 创建 HBase 表格

下面开始在 Python 中创建表格并存入数据。

（1）导入 HappyBase 库，代码如下。

```
import happybase
```

（2）构建 HBase 的连接，代码如下。

```
conn = happybase.Connection(host = "localhost", port = 9090)
```

（3）设置水费表格的名称为 water_rate（在 HBase API 代码中，数据都是以 Byte 数组的形式存储的），代码如下。

```
table_name = b"water_rate"
```

（4）创建表格 water_rate（先检查表格是否存在，若不存在则创建），代码如下。

```
# 通过 conn 连接对象的 tables()方法可以获取全部的表格
tbs = conn.tables()
```

（5）用 if 判断 table_name 是否在 tbs 中，代码如下。

```
if table_name in tbs:
    print(f"{table_name}已存在，无须创建")
else:
    print(f"{table_name}不存在，请创建它。")
    conn.create_table(
        table_name.decode(),              # 将字节字符串转换为普通字符串
        {
            'user':dict(max_versions = 5),  # 列族信息
            'order':dict()                  # 列族信息
        }
    )
```

（6）打印当前的表格信息，代码如下。

```
print(f"当前的表格：{conn.tables()}")
# 关闭连接
conn.close()
```

（7）存入数据，代码如下。

```
import happybase
conn = happybase.Connection(host = "localhost", port = 9090)
water_table = conn.table("water_rate")
water_table.put('3919700',
{ 'info:ID':'3919700',
'info:name':'张三',
'info:address':'江西省新余市',
'info:sex':'男',
'info:payment_time':'2024/6/24',
'info:ammeter_now':62.5,
'info:ammeter_last':40.5,
'info:dosage':22,
'info:total_amount':132,
'info:lookup_date':'2024/6/9',
'info:latest_payment':'2024/7/24'})
conn.close()
```

（8）存入成功后，可以到 HBase Shell 中验证一下，运行结果如下。

```
hbase(main):013:0> get 'water_rate','3919700'
COLUMN                    CELL
 info:ID                  timestamp=1722930727178, value=3919700
 info:address             timestamp=1722930856123, value=\xBD\xAD\xCE\xF7\
xCA\xA1\xD0\xC2\xD3\xE0\xCA\xD0\xB7\xD6\
                         xD2\xCB\xCF\xD8\xEE\xD4\xC9\xBD\xD5\xF26\xB5\
xA5\xD4\xAA251\xCA\xD2
 info:ammeter_last        timestamp=1722931117437, value=40.5
 info:ammeter_now         timestamp=1722931108505, value=62.5
 info:dosage              timestamp=1722931126030, value=22
 info:latest_payment      timestamp=1722931153735, value=2024/7/24
 info:lookup_date         timestamp=1722931144975, value=2024/6/9
 info:name                timestamp=1722930809411, value=\xC8\xE3\xCF\xB2\
xC0\xBC
 info:payment_time        timestamp=1722931094555, value=2024/6/24
 info:total_amount        timestamp=1722931134683, value=132
1 row(s)
Took 0.0600 seconds
```

本章小结

本章主要介绍 HBase 的使用方法，需要重点理解 HBase 的存储概念，进而更好地使用 HBase。HBase 的 Shell 命令相对简单，但是对初学者而言，搭建 HBase 环境会略复杂，需要建立在 Java 和 Hadoop 基础之上。HBase 提供了丰富的接口，方便与其他语言共同使用。通过学习 HBase，学生可以培养自主学习的能力，在搭建环境时提升发现问题、分析问题和解决问题的能力，进而培养良好的问题分析素养和独立思考能力。

课后习题

1. HBase 数据模型主要由（　　）4 部分组成。（多选）
   A．RowKey　　　　　　　　　B．Column Family
   C．Column Qualifier　　　　　D．TimeStamp
2. （　　）是每个 Cell 的一个版本信息，用时间戳标记，是数据的版本号，用来实现版本控制。
   A．TimeStamp　　　　　　　　B．Key
   C．Column　　　　　　　　　 D．Row
3. 查看数据库中所有的表使用（　　）命令。
   A．show　　　B．get　　　C．table　　　D．list
4. 创建表使用（　　）命令。
   A．list　　　B．set　　　C．create　　　D．drop
5. 插入或更新数据使用（　　）命令。
   A．set　　　B．put　　　C．disable　　　D．delete

项目实训

在项目实践中我们只添加了一位用户的数据，请将以下数据存入 water_rate 表，如表 3-2 所示。

表 3-2　其他用户缴费明细

名称	信息				
用户 ID	5037058	3018827	2092774	7152356	3141181
姓名	荆秀荣	无玉梅	毋文芬	己爱梅	骆秀珍
地址	上海市	陕西省咸阳市	辽宁省本溪市	甘肃省武威市	河南省周口市
性别	女	男	男	女	女
缴费时间	2024/8/11	2024/4/30	2024/2/2	2024/1/27	2024/5/19
表示数（本次）（立方）	255.8	406.2	274.8	64.2	477.7
表示数（上次）（立方）	237.8	379.2	252.8	46.2	457.7
用量（立方）	18	27	22	18	20
合计金额（元）	108	162	132	108	120
查表日期	2024/7/27	2024/4/15	2024/1/18	2024/1/12	2024/5/4
最迟缴费日期	2024/9/10	2024/5/30	2024/3/4	2024/2/26	2024/6/18

第 4 章 图形存储数据库 Neo4j

◎ 学习导读

现实中很多数据都是用图来表达的，比如社交网络中人与人的关系、地图数据、基因信息等。关系数据库并不适合表达这类数据，并且在处理海量数据时，其性能也会受到限制。NoSQL 数据库的兴起，很好地解决了海量数据的存放问题，图形存储数据库是 NoSQL 数据库的一个分支，相比于 NoSQL 数据库中的其他分支，它更适合用来直接表达图结构的数据。

◎ 知识目标

掌握 Neo4j 的安装方法
掌握 Cypher 的常用操作
掌握如何在 Python 中操作 Neo4j 数据库

◎ 素养目标

培养知识的整合和应用能力
培养总结沉淀的好习惯

4.1 认识 Neo4j

Neo4j 可以被看作一个高性能的图引擎，该引擎具有成熟数据库的所有特性。Neo4j 因其嵌入式、高性能、轻量级等优势，越来越受到关注。下面是 Neo4j 的详细介绍。

4.1.1 Neo4j 概述

图形存储数据库中所采用的存储结构就如同数据结构中的图（Graph，由集合 V 和集合 E 组成，V 是顶点的集合，E 是边的集合），都是由顶点和边组成的。Neo4j 是图形存储数据库的一个主要代表，内容开源且用 Java 实现。其有两种运行方式，一种是服务的方式，对外提供 REST 接口；另外一种是嵌入式模式，数据以文件的形式存放在本地，可以直接对本地文件进行操作。

1. 设计理念

Neo4j 的设计初衷是更好且更高效地描述实体之间的关系。在现实生活中，每一个实体都与周围的其他实体有着千丝万缕的关系,这些关系里面存储的信息甚至要大于实体本身的属性。

传统的关系数据库更注重刻画实体内部的属性,实体与实体之间的关系通常都是利用外键来实现的。所以在求解关系的时候通常需要 Join 操作,而 Join 操作又是耗时的。互联网,尤其是移动互联网的爆发式增长本来就使传统关系数据库不堪重负,再加上社交网络等应用对于关系的高需求,导致关系数据库的性能大受限制。

图形存储数据库作为重点描述数据之间关系的数据库应运而生,成为 NoSQL 中非常重要的一部分。而 Neo4j 正是图形存储数据库中优秀的产品之一。

2. 相关特性

(1)基于图的存储模型:Neo4j 使用图(Graph)作为数据的存储模型,由节点(Nodes)、关系(Relationships)和属性(Properties)组成。这种模型非常适合表示实体之间的复杂关系,如社交网络、推荐系统、生物信息学等领域的数据。

(2)高性能的查询语言:Neo4j 使用 Cypher 作为其查询语言,Cypher 是一种声明式图查询语言,类似于 SQL,但是专为图数据设计。它允许用户以直观且易于理解的方式查询和更新图数据。

(3)事务支持:Neo4j 提供了完整的事务支持,确保数据的一致性和完整性。事务可以包含多个读写操作,并且只有在所有操作都成功时才会被提交到数据库中。

(4)可扩展性:Neo4j 具有良好的可扩展性,可以在单机上处理大规模数据集,并通过集群部署扩展到多台机器上,以实现更高的吞吐量和更低的延迟。Neo4j 提供了多种集群技术,如 Causal Clustering,以支持数据的水平扩展。

(5)实时性:Neo4j 支持实时查询和更新数据,可以在数据发生变化时立即反馈出来,非常适合需要高实时性应用的场景,如实时推荐系统、欺诈检测等。

(6)灵活性:Neo4j 允许用户根据需要,自定义节点和关系的类型及属性,这使得它非常灵活,可以适应各种复杂的数据结构。

(7)集成与兼容性:Neo4j 提供了丰富的 API 和驱动程序,支持多种编程语言和平台,如 Java、Python、JavaScript 等。此外,Neo4j 还可以与其他流行的数据库和工具集成,如 Apache Spark、Elasticsearch 等。

(8)可视化与监控:Neo4j 提供了强大的可视化工具,如 Neo4j Browser 和 Neo4j Desktop,允许用户以图形化的方式查看和交互图数据。同时,Neo4j 还提供了监控和诊断工具,帮助用户优化数据库性能和解决潜在问题。

3. Neo4j 的优缺点

1)优点

(1)数据的插入、查询操作很直观,不用再考虑各个表之间的关系。

(2)Neo4j 提供的图搜索和图遍历方法很方便,速度也比较快。

(3)Neo4j 具有更快的数据库操作速度,尤其在数据量较大的情况下。如果这些数据在 MySQL 中存储往往需要创建许多表,并且表之间联系较多(即有不少的操作需要 Join 表),而 Neo4j 不受这些限制,能更高效地处理数据。

2）缺点

（1）当数据过大时，插入速度可能会越来越慢。

（2）不适合超大节点。当有一个节点的边非常多时（常见于大 V），有关这个节点的操作的速度将大大下降。

（3）提高数据库速度的常用方法就是多分配内存，但是 Neo4j 无法直接设置数据库内存占用量，而是需要在计算后为其"预留"内存。

鉴于其明显的优缺点，Neo4j 适合存储"修改较少，查询较多，没有超大节点"的图数据。

4．应用场景

Neo4j 适用于图形一类数据，如社会关系、公共交通网络、地图及网络拓扑，这是其与其他 NoSQL 数据库的最显著区别。

Neo4j 不适用于如下场景。

（1）不适用于记录大量基于事件的数据（如日志条目或传感器数据）。

（2）不适用于对大规模分布式数据进行处理，类似于 Hadoop。

（3）不适用于存储二进制数据。

（4）不适用于保存关系数据库中的结构化数据。

5．Neo4j 与传统数据库的区别

Neo4j 与传统数据库在数据结构、数据类型、查询及语言方面的区别如表 4-1 所示。

表 4-1　Neo4j 与传统数据库的区别

分类	Neo4j	传统数据库
数据结构	采用图形数据结构，以节点和关系的形式组织数据	采用表格数据结构，以行和列的形式组织数据
数据类型	无须提前定义，数据添加和定义灵活，不受数据类型和数量的限制	表格需要提前定义，修改、添加数据结构和类型复杂，对数据有严格的限制
查询	关系查询操作方便	关系查询操作耗时
语言	提出全新的查询语言 Cypher，查询语句更加简单	查询语句更为复杂，尤其涉及 Join 或 Union 操作时

4.1.2　Neo4j 的数据模型

Neo4j 的数据模型包含 Nodes、Labels、Relationships、Properties 和 Schema，在打开的界面中可以看到左侧有当前数据库的 Node labels、Relationship Types、Property keys 等正对应数据模型的各个部分，如图 4-1 所示。

- Nodes：节点，代表实体，即图中的圆，最简单的图只有一个节点。
- Labels：标签，代表节点属于哪一个集体，每一个节点可以有 0 个或多个标签。因为标签可以在运行时添加，所以标签也可以描述节点的状态信息。例如，Tom 既属于 Person，又属于 Actor。
- Relationships：关系，即代表图中的边，Relationships 连接两个节点，使其组织成列表、树、图等更为复杂的结构。比如，Tom 在电影 *Forrest Gump* 中饰演角色 Forrest Gump，其中"饰演角色"就是 Tom 和 Forrest Gump 之间的关系。

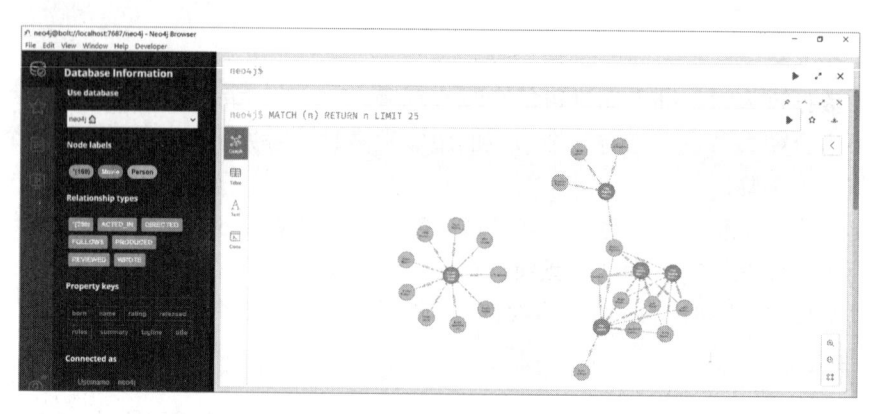

图 4-1 Neo4j 的数据模型

- Properties：属性，即描述节点或者关系的属性。例如，Person 有 name 和 born 属性，Movie 有 title 和 released 属性，ACTED_IN 有 roles 属性。
- Schema：模式，在 Neo4j 中是可选的，即可以不预先定义一个 Schema 而直接产生数据。添加 Schema 可以提高性能，所以如果需要更高性能可以考虑 Schema，具体可以参考 Neo4j 官网。

4.2 Neo4j 安装部署

Neo4j 支持众多平台的安装部署，如 Windows、macOS、Linux 等系统。Neo4j 是基于 Java 平台的，所以安装部署前应先保证系统已经安装了 Java 虚拟机。

4.2.1 环境准备

这里以 Windows 10 操作系统为例，在已经安装好 Java 1.8 JDK 的情况下准备安装 Neo4j。
（1）进入 Neo4j 官网下载界面，从中选择 Desktop 版本，如图 4-2 所示。

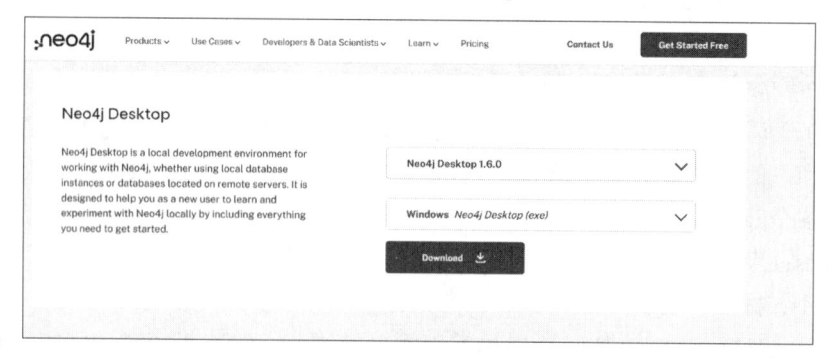

图 4-2 选择版本

（2）单击"Download"按钮，弹出填写信息的页面，如图 4-3 所示。
（3）填写完成后，单击"Download Desktop"按钮，会生成如图 4-4 所示的激活码，不要关闭页面，激活码在安装时需要使用，等待下载完成即可。

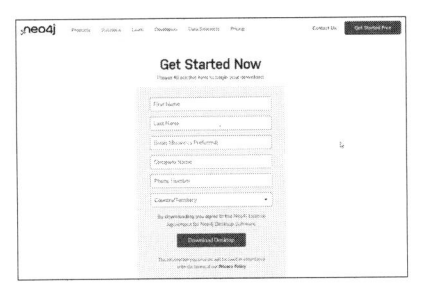

图 4-3　填写信息 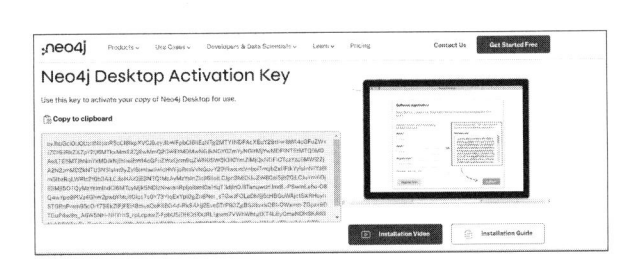　　　　　　　　　　　图 4-4　生成激活码

4.2.2　安装 Neo4j

Desktop 版本的 Neo4j 的安装比较简单，详细步骤如下。

（1）双击下载好的安装包，选择为所有用户安装，如图 4-5 所示。

（2）单击"下一步"按钮，进入"选定安装位置"界面，如图 4-6 所示。

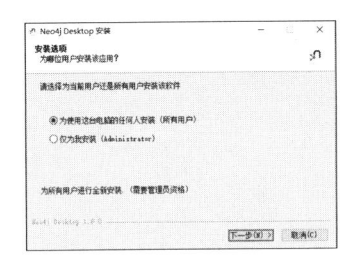

图 4-5　为所有用户安装 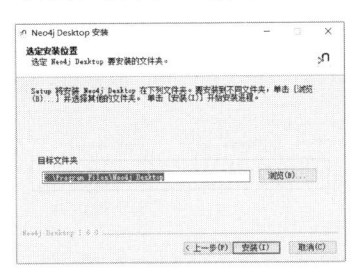　　　　　　　图 4-6　"选定安装位置"界面

（3）选定安装位置，单击"安装"按钮，等待进度条完成，如图 4-7 所示。安装完成后会进入如图 4-8 所示的界面，单击"完成"按钮即可安装成功。

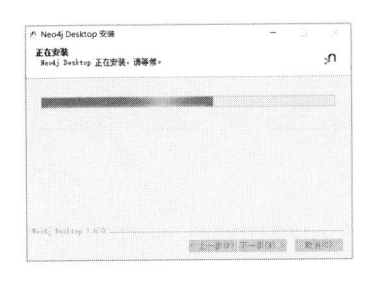

图 4-7　等待进度条 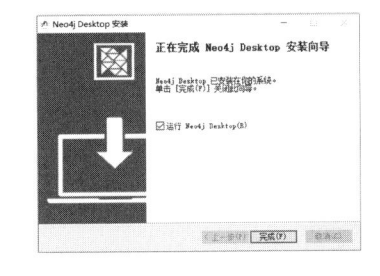　　　　　　　　　图 4-8　安装完成

（4）安装完成后，启动 Neo4j Desktop，单击"I Agree"按钮，如图 4-9 所示。

（5）弹出设置数据的存储位置的对话框，单击"Confirm"按钮，如图 4-10 所示。

（6）弹出"Software registration"对话框，回到下载后的官网，复制激活码，将其粘贴到"Software key"文本框中，单击"Active"按钮，如图 4-11 所示。

（7）等待准备完成，如图 4-12 所示，完成后即可进入 Neo4j Desktop 的主界面，如图 4-13 所示。

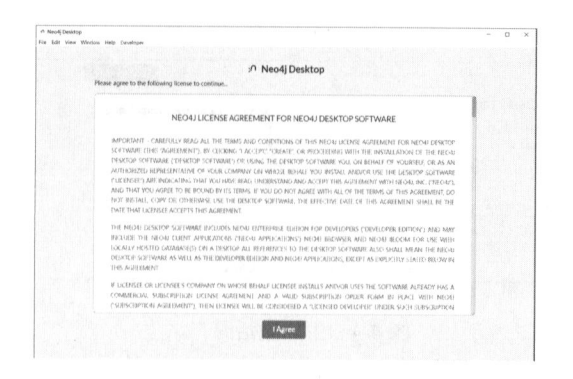

图 4-9　单击"I Agree"按钮

图 4-10　设置数据的存储位置

图 4-11　复制并粘贴激活码

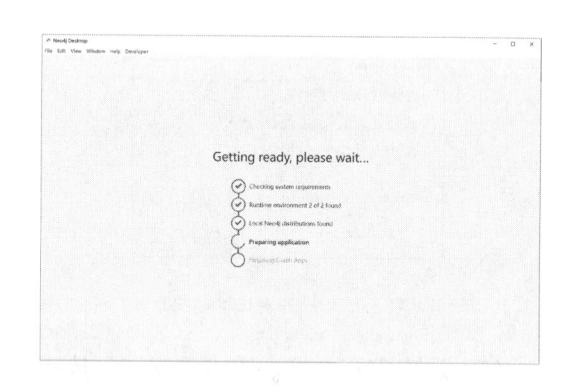

图 4-12　等待准备完成

（8）检查服务是否已经开启。单击"Movie DBMS"选项打开默认的数据库，在界面右侧可以看到各种协议的端口等信息，如图 4-14 所示。

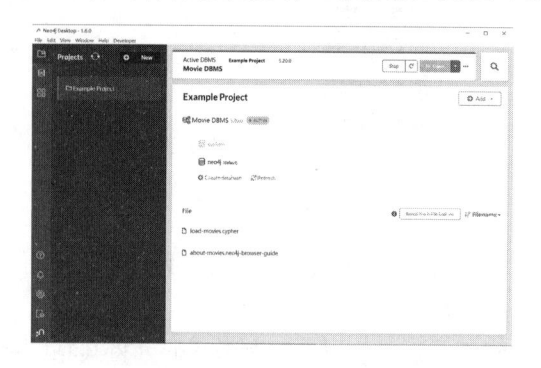

图 4-13　Neo4j Desktop 主界面

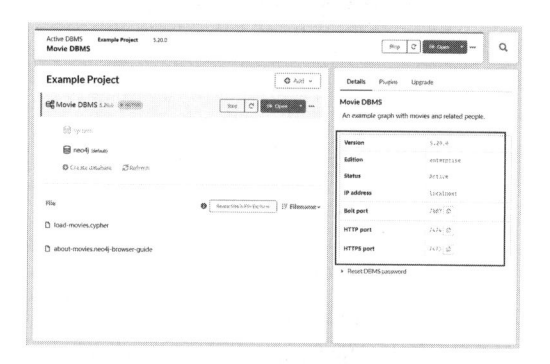

图 4-14　查看服务

（9）单击"Reset DBMS Password"下拉列表，在文本框中输入用户的新密码，单击"Apply"按钮，如图 4-15 所示。

（10）打开浏览器，输入"127.0.0.1:7474"，账号是 neo4j，密码是刚才设置的密码，登录成功就可以看到 Neo4j 的默认数据库 Movie DBMS 里的数据节点和内容了，如图 4-16 所示。

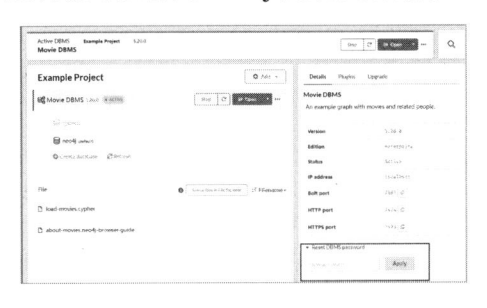

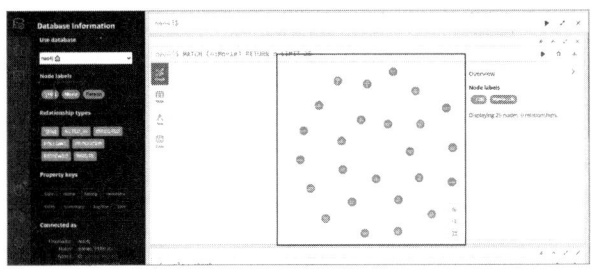

图 4-15　修改密码　　　　　　图 4-16　查看"Movie DBMS"的数据节点和内容

4.3　Cypher 操作

Cypher 是 Neo4j 提出的图查询语言，是一种声明式的图数据库查询语言，它拥有精简的语法和强大的表现力，能够精准且高效地对图数据进行查询和更新。

4.3.1　创建数据

CREATE()函数用于创建节点，语法如下。

```
# 创建带有标签的节点
CREATE(<node-name>:<label-name>)
# 创建带有标签、属性的节点
CREATE(<node-name>:<label-name>{<property-name>:<property-value>}) return <node-name>
# 使用 set 关键字创建
CREATE (<node-name>:<label-name>) set <property-name>:<property-value>,<property-name>:<property-value> return <node-name>
```

上述语法中，CREATE 是创建节点、关系的关键字；<node-name>表示节点名称；<label-name>表示标签名称，是内部节点名称的别名；<property-name>表示属性名；<property-value>表示属性值。

【例 4-1】创建标签为 Employee，名称为"Nicole"的节点，属性有 id、name、salary。

```
CREATE (e:Employee{id:222, name:'Nicole', salary:6000}) return e
```

在 Neo4j Desktop 中的操作步骤如下。

（1）单击"Create database"按钮，创建新的 database，如图 4-17 所示。

（2）弹出"Choose a name"对话框，在文本框中输入名字"demodatabase"，并单击"Create"按钮，如图 4-18 所示。

（3）创建成功后单击右上方"Open"按钮就可以操作数据了，如图 4-19 所示。

（4）在打开的页面中单击左上角的下拉列表，选择刚才创建的数据库，如图 4-20 所示。

图 4-17　创建新的 database

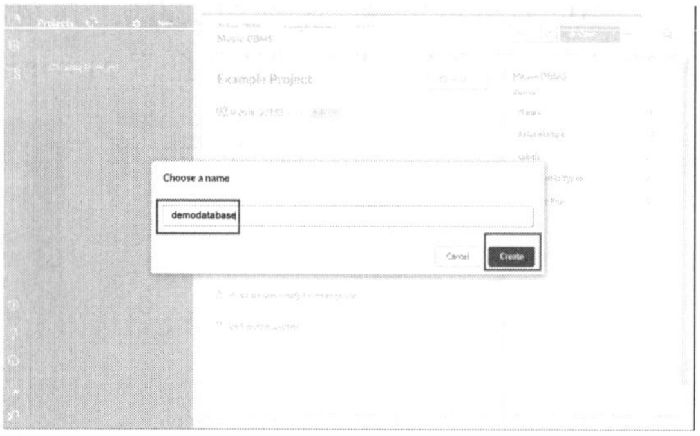

图 4-18　创建 demodatabase

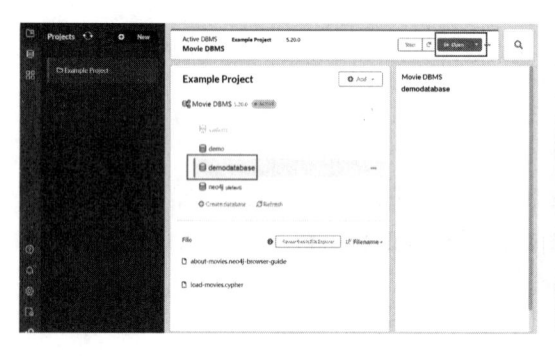

图 4-19　创建成功

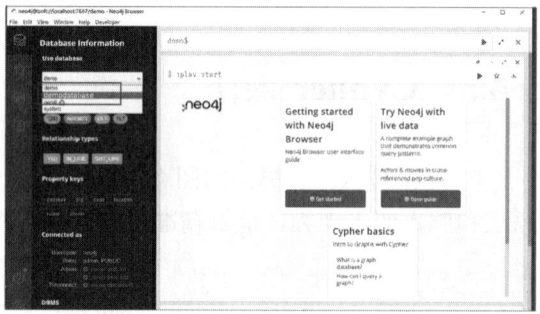

图 4-20　切换数据库

（5）切换好后在命令输入框中输入创建节点的语句，并单击右侧运行按钮，如图 4-21 所示。

图 4-21　运行创建语句

（6）出现如图 4-22 所示的界面，表示节点已经创建成功。

【例 4-2】使用 set 关键字创建名称为"Tom"的节点。

```
CREATE (e:Employee) set e.id=223, e.name='Tom', e.salary=6000 return e
```

运行结果如图 4-23 所示。

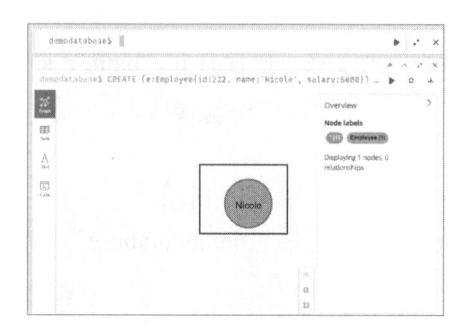

图 4-22　节点创建成功

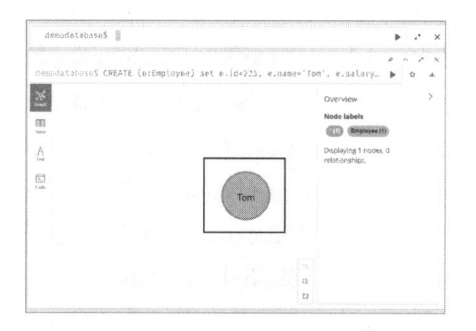

图 4-23　创建"Tom"节点

4.3.2 查询数据

1. match()函数查询数据

match()函数用于查询已有数据,语法如下。

```
match (<node-name>:<label-name>) return <node-name>.<property-name>
```

【例 4-3】查询所有节点的所有属性。

```
match (e:Employee) return e.id,e.salary,e.name
```

运行结果如图 4-24 所示。

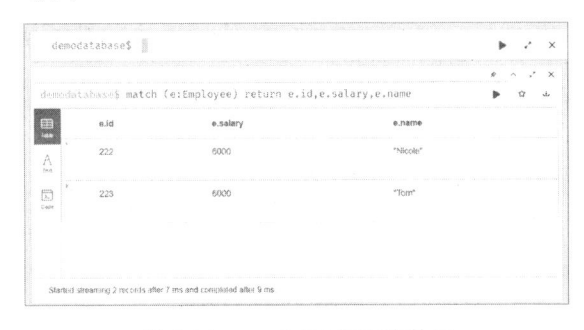

图 4-24 match()函数查询数据

2. merge()函数查询数据

若节点存在,则 merge()函数等效于 match()函数;若节点不存在,则 merge()函数等效于 create()函数,语法如下。

```
merge (<node-name>:<label-name>) return <node-name>.<property-name>
```

【例 4-4】使用 merge()函数查询数据。

```
merge(e:Employee ) return e.id,e.salary,e.name
```

运行结果如图 4-25 所示。

【例 4-5】使用 merge()函数查询不存在的数据。

```
merge(e:Employee {id:146, name:'Lucy', salary:3500}) return e
```

运行结果如图 4-26 所示,由于数据不存在,所以创建了新的节点。

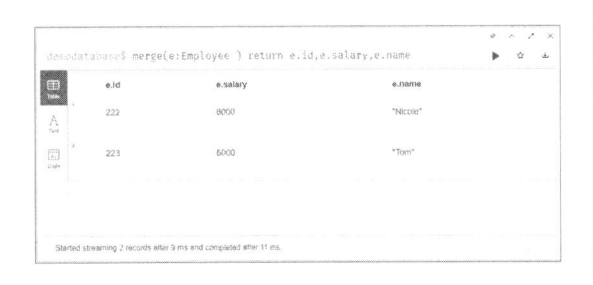

图 4-25 merge()函数查询数据 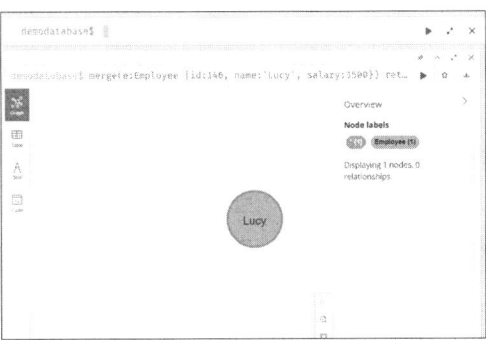　　图 4-26 merge()函数查询不存在的数据

4.3.3 创建关系

1. create()函数创建关系

create()函数除了可以创建节点,也可以创建有方向性的关系,在 Neo4j 中,有 incoming 和 outgoing 两种关系,为了表示 Cypher 中的传出或传入关系,我们使用 "->" 或 "<-" 符号,语法如下。

```
create (节点变量1:标签)-[关系变量:关系]->(节点变量2:标签)
```

【例 4-6】给标签 Employee 中名为 "Nicole" 和 "Tom" 的两个节点建立 Friend 关系。

```
create (e1:Employee{name:"Nicole"})-[f:Friend]->(e2:Employee{name:"Tom"})
```

运行结果如图 4-27 所示,创建成功。

创建成功后可以单击左侧按钮查看关系图,如图 4-28 所示。

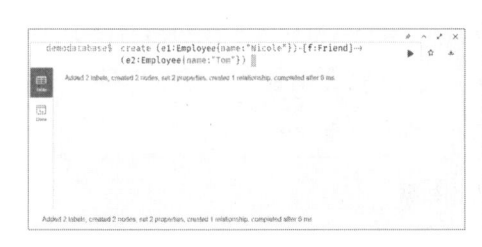

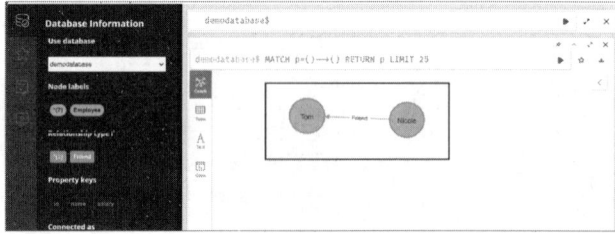

图 4-27　create()函数创建关系　　　　图 4-28　查看关系图

2. merge()函数创建关系

merge()函数在创建的时候可以不用->指定方向,系统会自动给其指定方向,语法如下。

```
merge(节点变量1:标签)-[关系变量:关系]-(节点变量2:标签)
```

【例 4-7】给标签 Employee 中名为 "Nicole" 和 "Lucy" 的两个节点建立 Friend 关系。

```
merge (e1:Employee{name:"Nicole"})-[f:Friend]-(e2:Employee{name:"Lucy"})
```

运行结果如图 4-29 所示,创建成功。

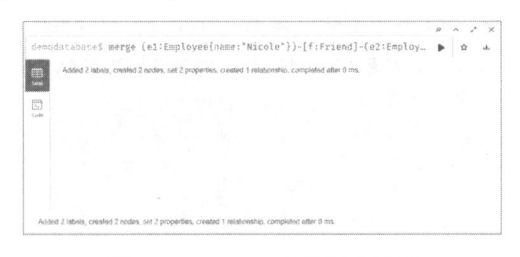

图 4-29　merge()函数创建关系

4.3.4 where 条件

where 的功能类似于 SQL 中的添加查询条件,后面还可以连接其他命令,如 return 和 delete,语法如下。

```
match (节点变量1:标签)-[关系变量:关系]-(节点变量2:标签) where 条件
```

【例 4-8】查询与"Nicole"是 Friend 关系的人的名字。

```
match (e1:Employee)-[f:Friend]-(e2:Employee) where e1.name='Nicole' return e2.name
```

运行结果如图 4-30 所示,表示有两个人,分别为"Tom"和"Lucy"。

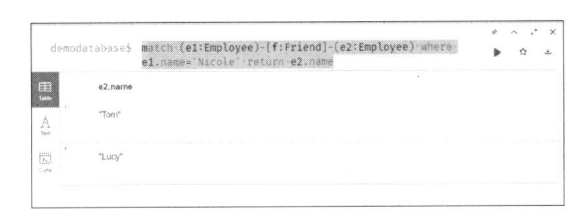

图 4-30　查询与"Nicole"是 Friend 关系的人的名字

4.3.5　删除关系与节点

1. 删除关系

删除需要使用 delete 关键字,同时需要配合查询语句及 where 条件,才能删除符合条件的数据,语法如下。

```
match (节点变量1:标签)-[关系变量:关系]-(节点变量2:标签) where 条件 delete 关系变量
```

【例 4-9】删除节点"Nicole"和"Tom"之间的关系。

```
match (e1:Employee)-[f:Friend]-(e2:Employee) where e1.name='Nicole' and e2.name='Tom' delete f
```

运行结果如图 4-31 所示,删除成功。

2. 删除节点

删除节点与删除关系类似,只是 delete 关键字后面需要加上节点变量名称,语法如下。

```
match (节点变量:标签) where 条件 delete 节点变量
```

【例 4-10】删除节点"Tom"。

```
match (e:Employee) where e.name='Tom' delete e
```

运行结果如图 4-32 所示,删除成功。需要注意的是,有关系的节点是不能直接删除的。

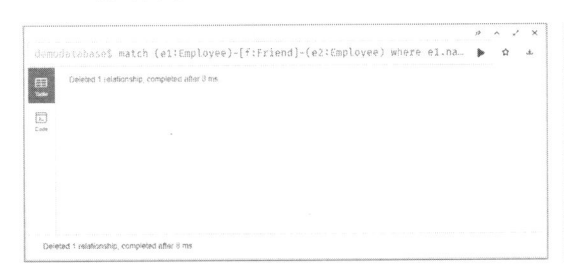

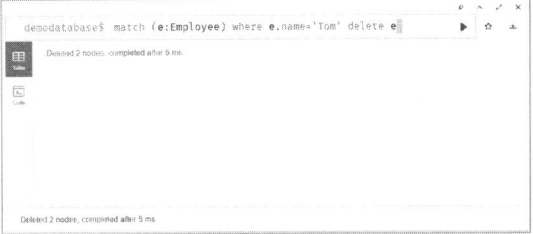

图 4-31　删除关系　　　　　　　　图 4-32　删除节点

4.3.6 删除属性

remove 关键字用于删除属性，同样也需要与查询语句和 where 条件配合使用，语法如下。

```
match (节点变量:标签) where 条件 remove 节点变量.属性
```

【例 4-11】删除节点"Nicole"的 salary 属性。

```
match (e:Employee) where e.name='Nicole' remove e.salary return e
```

运行结果如图 4-33 所示，属性已被删除。

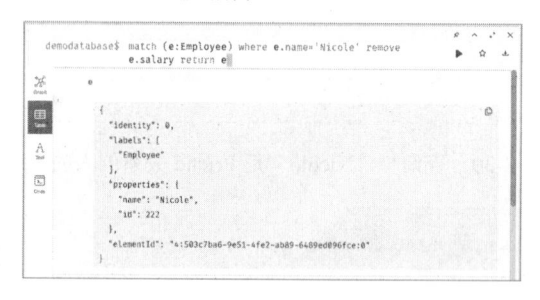

图 4-33　删除属性

4.4　Python 操作 Neo4j

在 Python 中，可以通过 Neo4j 的官方驱动库 py2neo 来操作 Neo4j 数据库，下面是 Python 操作 Neo4j 数据库的详细介绍。

4.4.1 环境准备

在安装好的 Python 环境中安装 py2neo，本次安装以 Python 3.8.17 为例。打开 cmd 命令窗口，或者编辑器的控制台，使用 pip 命令安装，代码如下。

```
pip install py2neo
```

在安装结束后没有报错，且看到 Successfully 字样，表示安装成功。

在使用 Python 操作 Neo4j 数据库时，需要保持数据库的服务是开启的，如图 4-34 所示。

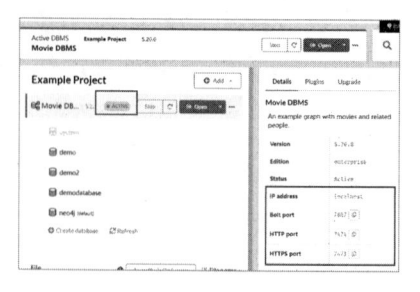

图 4-34　开启数据库服务

图中的"ACTIVE"按钮显示"ACTIVE"表示当前数据库服务是开启的，如果没有开启，会按钮中的文字显示"Start"，单击"Start"按钮即可开启数据库服务，开启后注意右侧的"IP address"和各种"port"选项，在 Python 连接时会用到。

4.4.2 连接 Neo4j 数据库

在 Neo4j Desktop 中创建 database，取名为 demo2，用于 Python 操作时所用的数据库，如图 4-35 所示。

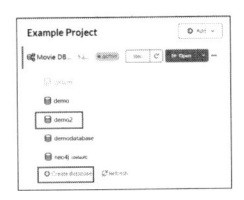

图 4-35 创建 demo2

准备好数据库之后打开 Python 的编辑器，创建 py 文件并连接 Neo4j 数据库。代码如下。

```
from py2neo import Graph, Node, Relationship
# 连接 Neo4j 数据库
db = Graph("bolt://localhost:7687", auth=("neo4j", "123456ydc"),name="demo2")
```

代码中，auth 参数表示用户信息，需要写入用户名和密码，和在网页中连接时的用户名和密码是一致的（密码需要改成自己的，代码中为示例）；name 参数表示要连接的数据库。

4.4.3 节点操作

1. 创建节点

创建节点需要两个步骤，先创建 Node，然后执行 create() 函数，语法如下。

```
node_1=Node(*labels, **properties)
db.create(node_1)
```

【例 4-12】创建名为 "Nosql" "MongoDB" "Neo4j" "HBase" 和 "Redis" 的节点。

```
# 创建节点
node_0=Node('Nosql',name='Nosql')
node_1 = Node('Nosql',name = 'MongoDB')
node_2 = Node('Nosql',name = 'Neo4j')
node_3 = Node('Nosql',name = 'HBase')
node_4 = Node('Nosql',name = 'Redis')
# 存入图数据库
# db.create(node_0)
# db.create(node_1)
# db.create(node_2)
# db.create(node_3)
# db.create(node_4)
# print(node_2)
```

运行结果如下，node_2 的 name 值是 "Neo4j"。

```
(_1:Nosql {name: 'Neo4j'})
```

到网页中查看，5 个节点都创建成功，如图 4-36 所示。

2. 创建关系

创建关系需要使用 Relationship()函数，需指定开始节点、关系和结束节点，语法如下。

```
Relationship((start_node, type, end_node, **properties))
```

【例 4-13】为节点"Nosql"分别与节点"Neo4j""HBase""Redis""MongoDB"建立包含关系。

```
node_0_to_node_1 = Relationship(node_0,'包含',node_1)
node_0_to_node_2 = Relationship(node_0,'包含',node_2)
node_0_to_node_3 = Relationship(node_0,'包含',node_3)
node_0_to_node_4 = Relationship(node_0,'包含',node_4)
db.create(node_0_to_node_1)
db.create(node_0_to_node_2)
db.create(node_0_to_node_3)
db.create(node_0_to_node_4)
```

运行成功后，到网页中查看结果，如图 4-37 所示。

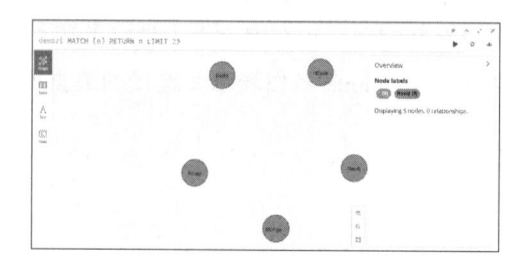

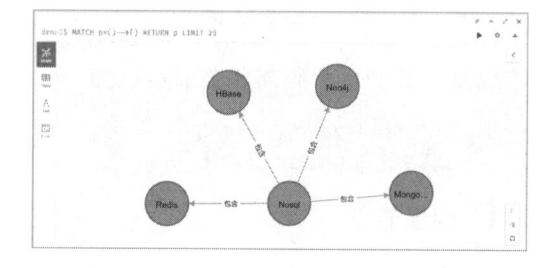

图 4-36　成功创建 5 个节点　　　　图 4-37　创建关系

3. 删除关系及节点

带关系的节点不能直接被删除，但是可以直接删除一个节点及与之相连的关系，需要使用 run()函数运行指令代码进行删除。

【例 4-14】删除节点"HBase"及与之相连的关系。

```
db.run('match (n:Nosql{name:"HBase"}) detach delete n')
```

运行结果如图 4-38 所示。

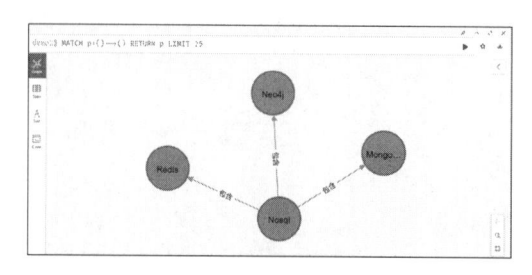

图 4-38　删除关系及节点

如果节点单独存在，也可以使用 run()函数运行指令代码进行删除。

【例 4-15】删除单独节点"Mysql"。

```
# 按照 name 属性删除,先增加一个单独的节点"Mysql"
node_x = Node('Nosql',name ='Mysql')
db.create(node_x)
```

查看运行结果,节点"Mysql"被创建。如图 4-39 所示。

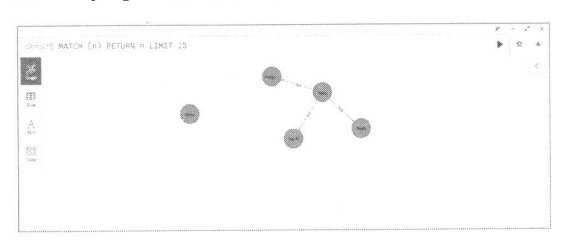

图 4-39　创建节点"Mysql"

运行删除节点的语句,代码如下。

```
db.run('match (n:Nosql{name:"Mysql"}) delete n')
```

查看运行结果,节点已被删除。

2. 查询节点

db 的 nodes 属性包含图中的所有节点信息,可以使用 match() 函数找到相应节点,语法如下。

```
db.nodes.match(*labels, **properties)
```

【例 4-16】查询所有节点。

```
n=db.nodes.match("Nosql")
for i in n:
print(i)
```

运行结果如下,所有节点都在。

```
(_0:Nosql {name: 'MongoDB'})
(_1:Nosql {name: 'Neo4j'})
(_2:Nosql {name: 'Nosql'})
(_3:Nosql {name: 'Redis'})
(_4:Nosql {name: 'Nosql'})
(_5:Nosql {name: 'Nosql'})
(_6:Nosql {name: 'MongoDB'})
(_7:Nosql {name: 'Neo4j'})
(_9:Nosql {name: 'Redis'})
```

【例 4-17】查询 name 值为"Neo4j"的节点的数据。

```
n=db.nodes.match("Nosql",name="Neo4j")
for i in n:
print(i)
```

运行结果如下,查询到两个节点 name 值为"Neo4j"。

```
(_1:Nosql {name: 'Neo4j'})
(_7:Nosql {name: 'Neo4j'})
```

4.5 项目实践：使用 Python 创建课程知识图

需求：为本学期所学课程创建知识图，如图 4-40 所示。

1. 创建节点和关系

可以先单独创建节点，再创建关系，也可以直接创建节点，在使用 create() 函数时直接创建关系，一步到位，代码如下。

```
node_0 = Node('课程',name = '人工智能')
node_1 = Node('课程',name = '数据库应用')
node_2 = Node('课程',name = 'Python程序设计')
node_3 = Node('课程',name = '机器学习')
node_4 = Node('课程',name = '计算机视觉')
node_5 = Node('课程',name = 'AIGC')
node_0_to_node_1 = Relationship(node_0,'包含',node_1)
node_0_to_node_2 = Relationship(node_0,'包含',node_2)
node_0_to_node_3 = Relationship(node_0,'包含',node_3)
node_0_to_node_4 = Relationship(node_0,'包含',node_4)
node_0_to_node_5 = Relationship(node_0,'包含',node_5)
db.create(node_0_to_node_1)
db.create(node_0_to_node_2)
db.create(node_0_to_node_3)
db.create(node_0_to_node_4)
db.create(node_0_to_node_5)
```

2. 查询所有节点

代码如下。

```
n=db.nodes.match("课程")
for i in n:
    print(i)
```

运行结果如下。

```
(_0:课程 {name: '\u4eba\u5de5\u667a\u80fd'})
(_1:课程 {name: '\u6570\u636e\u5e93\u5e94\u7528'})
(_2:课程 {name: 'Python\u7a0b\u5e8f\u8bbe\u8ba1'})
(_3:课程 {name: '\u673a\u5668\u5b66\u4e60'})
(_4:课程 {name: '\u8ba1\u7b97\u673a\u89c6\u89c9'})
(_5:课程 {name: 'AIGC'})
```

3. 删除节点"AIGC"

代码如下。

```
db.run('match (n:课程{name:"AIGC"}) detach delete n')
```

运行结果如图 4-41 所示。

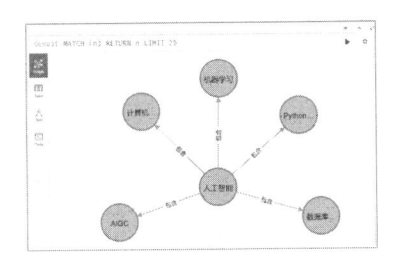

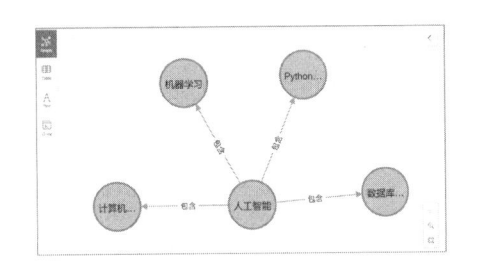

图 4-40　课程知识图　　　　　　　　图 4-41　删除节点 "AIGC"

本章小结

本章主要介绍图形存储数据库 Neo4j 的使用，它不同于其他数据库，除了能够存储数据，还能把数据的实体和属性关系表现得淋漓尽致。通过本章的学习，学生可以培养以学科知识为核心，建立知识点之间的概念层级关系、关联关系和前后序关系的能力。通过构建知识体系、查阅知识要点，学生可以发现知识点之间的关联，并进行总结沉淀，培养知识整合的能力。

课后习题

1. Neo4j 的数据模型包含（　　）、Labels、Relationships、Properties 和 Schema。
   A．Nodes　　　　　　　　　　B．table
   C．index　　　　　　　　　　D．column
2. 创建节点使用（　　）函数。
   A．set()　　　　　　　　　　B．where()
   C．CREATE()　　　　　　　　D．match()
3. 查询数据除了可以使用 match() 函数，还可以使用（　　）函数。
   A．create()　　　　　　　　　B．merge()
   C．drop()　　　　　　　　　　D．remove()
4. 要添加查询条件，可以使用（　　）关键字。
   A．how　　　　　　　　　　　B．for
   C．order　　　　　　　　　　D．where
5. 在 Python 中要操作 Neo4j 数据库，需要下载（　　）库。
   A．pip　　　　B．py2neo　　　　C．Graph　　　　D．auth

项目实训

创建物流信息图，如图 4-42 所示。

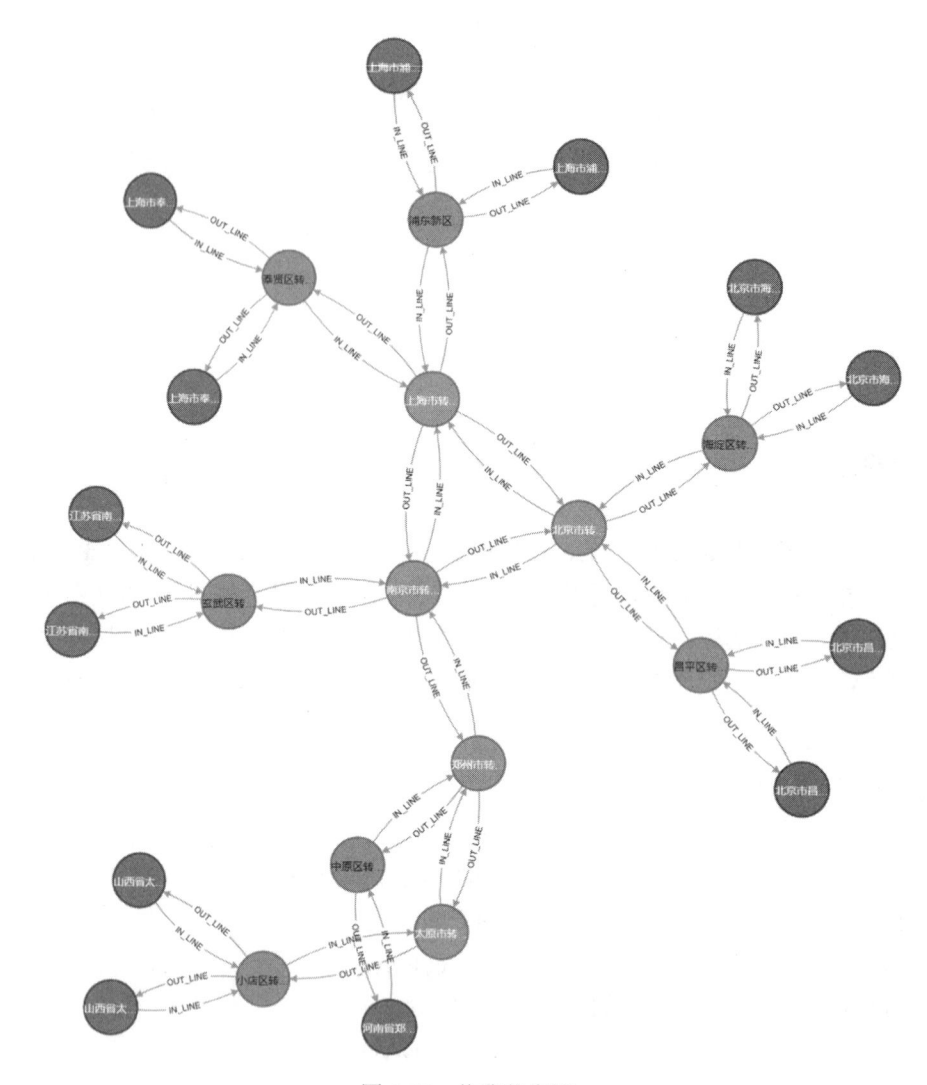

图 4-42　物流信息图

具体数据信息参考教学资源包中的 records.json 文件。

第 5 章　文档存储数据库 MongoDB

◎ 学习导读

MongoDB 是一个由 C++语言编写，基于分布式文件存储的数据库，为 Web 应用提供可扩展的高性能数据存储解决方案。MongoDB 是当前 NoSQL 数据库产品中最热门的一种，在 Web 应用、移动应用、实时分析、大数据等领域都有广泛的应用。同时，它也与许多流行的编程语言和框架有良好的集成，使开发者能够轻松地将其集成到现有的项目中，本章将介绍 MongoDB。

◎ 知识目标

了解 MongoDB 的应用场景和特点
掌握 MongoDB 的基本概念
掌握 MongoDB 的数据类型
掌握 MongoDB 的基本命令

◎ 素养目标

通过比较 MySQL 和 MongoDB 的特点，培养分析和归纳的能力
针对不同场景采用不同数据库，培养创新思维

5.1　MongoDB 概述

MongoDB 是一个介于关系数据库和非关系数据库之间的产品，是非关系数据库中功能最丰富且最像关系数据库的一种文档存储数据库。它支持的数据结构非常松散，是类似 JSON 的 BSON（Binary JSON）格式，因此可以存储比较复杂的数据类型。MongoDB 最大的特点是它支持的查询语言非常强大，其语法类似于面向对象的查询语言，可以实现类似关系数据库单表查询的绝大部分功能，并且还支持对数据建立索引。

MongoDB 的历史可以追溯到 2007 年，最初是由 10gen 公司开发的。10gen 公司成立于 2007 年，由 Dwight Merriman（德怀特·梅里曼）、Eliot Horowitz（埃利奥特·霍洛维茨）和 Kevin Ryan（凯文·瑞恩）这三位创始人共同创立。这三位创始人在 DoubleClick 公司时积累了丰富的网络广告服务经验，并深刻体会到当时市场中的关系数据库在处理非结构化数据时的不足。因此，他们决定开发一款新的数据库产品来解决这些问题，这款产品就是 MongoDB。

在 2009 年 2 月，MongoDB 1.0 正式发布，作为一个开源的数据库项目，它提供了文档模型、索引、复制等基本功能。此后，MongoDB 不断发展壮大，逐渐成为一个流行的开源文档式 NoSQL 数据库。

在随后的几年里，MongoDB 陆续发布了多个版本，每个版本都带来了新的特性和改进。例如，2010 年发布的 MongoDB 2.0 引入了自动分片的功能，实现了水平扩展和高可用性；2015 年发布的 MongoDB 3.0 则支持 WiredTiger 存储引擎和可插拔存储引擎 API 等功能。

2018 年，MongoDB 4.0 发布，该版本提供了针对副本集执行多文档事务的功能，进一步增强了其数据处理能力。2021 年，MongoDB 5.0 发布，该版本引入了时间序列集合，可以有效地存储一段时间内的测量序列。2022 年，MongoDB 6.0 发布，该版本支持对加密数据进行丰富的查询，为数据安全提供了更强大的保障。

随着技术的不断进步和应用场景的不断扩展，MongoDB 也在持续发展和完善，为开发者提供更加高效、可靠的数据存储和查询解决方案。

5.2　MongoDB 的应用

传统的关系数据库（如 MySQL）在面临数据操作的"三高"需求——高并发、高扩展和高性能时，往往显得捉襟见肘。特别是在应对 Web 2.0 时代复杂多变的网站需求时，其局限性更为明显。相比之下，MongoDB 这样的非关系数据库则能够更好地满足"三高"需求，展现出更强的适应性和灵活性。

5.2.1　应用场景和特点

在当今数据爆炸的时代，选择适合业务需求的数据库显得尤为重要。MongoDB 作为一款开源的文档存储数据库，以其独特的特点和广泛的应用场景，成为越来越多企业和开发者的首选。

1. 应用场景

MongoDB 的应用场景十分广泛，适合存储和查询大量非结构化数据，如日志、用户行为数据等，以下是其常见的应用场景。

（1）社交场景：用户可以在社交平台上发布朋友圈动态、图片、视频等内容。MongoDB 可以高效地存储这些内容，并支持根据时间、地点等条件进行检索。

（2）游戏场景：MongoDB 可以方便地存储游戏用户信息、装备等，直接以内嵌文档的形式存储，方便查询和更新。

（3）物流场景：MongoDB 能够存储订单信息、订单状态和物流信息，以内嵌数组的形式存储，使得一次查询就能获取订单的所有变更。

（4）物联网场景：用于存储设备信息和设备日志，以及对这些信息进行多维度分析。

（5）视频直播场景：MongoDB 可以存储用户信息、点赞互动信息等。

2．共同特点

在这些应用场景中，数据操作方面呈现出的共同特点如下。

（1）数据量非常大。

（2）读写操作频繁。

（3）数据本身价值密度较低，对事务性要求不高。

5.2.2 什么时候选择 MongoDB

MongoDB 以其特性和优势，在多种场景中展现出强大的适用性。然而，何时选择 MongoDB，以及为何选择它，是许多开发者和架构师面临的挑战。以下是选择 MongoDB 的常用情况。

1．需要处理大量非结构化或半结构化数据

MongoDB 的文档模型使得它非常适合存储和查询非结构化或半结构化数据。如果正在处理的数据不是固定模式的，或者经常需要改变数据结构，那么 MongoDB 的灵活性将是一个很大的优势。

2．对实时性要求高

MongoDB 提供了高性能的读写能力，特别是在处理大量数据时，其性能表现优异。因此，对于需要实时处理数据的场景，如实时分析、物联网、视频直播等，MongoDB 非常合适。

3．需要水平扩展

随着业务的发展，数据量迅速增长。MongoDB 支持水平扩展，可以很容易地通过添加更多的服务器来扩展数据库集群，以满足不断增长的数据存储和查询需求。

4．需要高可用性

MongoDB 的复制和分片功能可以确保数据的高可用性和容错性。对于需要保证业务连续性和数据可靠性的场景，MongoDB 是一个可靠的选择。

5．开发者熟悉或偏好使用

MongoDB 的查询语言直观，容易上手，并且社区支持丰富，有大量教程和案例可供参考。如果开发者团队对 MongoDB 有熟悉度或偏好，那么选择它作为数据库也是一个好的决策。

5.3　MongoDB 的数据库组织结构

MongoDB 采用面向文档的存储方式，摒弃了传统关系数据库的固定表结构，使得数据模型更加灵活多变。在 MongoDB 中，数据以集合的形式组织，每个集合中包含多个文档，而文档则是由键值对组成的数据结构。这种存储结构使得 MongoDB 能够轻松应对各种复杂的数据需求，无论是树形结构数据、图形数据还是其他非结构化数据，都能得到高效的存储和处理。

5.3.1 MongoDB 的三个概念

在探讨 MongoDB 的文档集合概念之前，首先需要理解数据库的核心组成部分，以及数据是如何被组织和存储的。传统的关系数据库以表格和行的方式组织数据，而 MongoDB 采用了更为灵活的数据模型。其文档集合的概念不仅改变了我们看待和处理数据的方式，还为应对现代应用中日益复杂和多变的数据需求提供了强大的支持。

1. 文档（Document）

MongoDB 中的数据存储在文档中，这些文档是由一组键值（Key-Value）对组成的，类似于 JSON 对象。字段值可以包含其他文档、数组及文档数组，这种结构使得 MongoDB 能够非常灵活地表示各种复杂的数据类型。

2. 集合（Collection）

集合是一组文档的集合，类似于关系数据库中的表。MongoDB 中的集合不需要在创建时预先定义结构，即集合是无模式的，可以容纳不同类型和结构的文档。

3. 数据库（Database）

MongoDB 的实例可以包含多个独立的数据库，每个数据库都有自己的集合和权限。数据库存储在一个文件系统中，不同的数据库会放在不同的文件中。

5.3.2 MongoDB 的组织结构

在 MongoDB 中，数据的基本单元是文档，它由一系列的键值对组成，这些键值对能够灵活地表示各种数据结构。多个文档聚集在一起，就形成了一个集合，集合相当于关系数据库中的表，用于存储具有相同属性的文档。而多个集合又共同构成了 MongoDB 的数据库，数据库是存储、管理和维护数据的主要场所。因此，在 MongoDB 中，数据是按照文档—集合—数据库这样的层次结构来组织和管理的。MongoDB 的组织结构如图 5-1 所示。

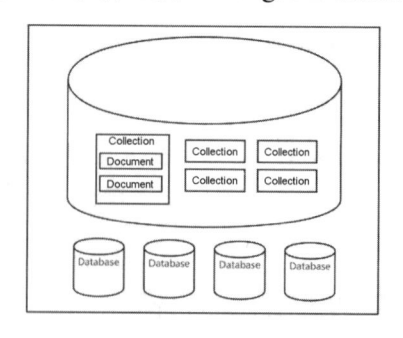

图 5-1 MongoDB 的组织结构

5.3.3 MongoDB 的数据类型

MongoDB 支持多种数据类型，这使得它能够灵活地存储各种类型的数据。以下是 MongoDB 中主要的数据类型。

（1）Null：用于表示空值或者不存在的字段，类似于关系数据库中的 NULL。

（2）Boolean：布尔类型，用于存储真或假的值。只有两个可能的值：true 和 false。

（3）Integer：整数类型，用于存储数值。MongoDB 支持 32 位和 64 位整数，具体取决于操作系统和 MongoDB 版本。

（4）Double：双精度浮点类型，用于存储浮点数。

（5）String：字符串类型，用于存储文本数据。MongoDB 中的字符串必须是 UTF-8 编码的。

（6）Object：对象类型，用于嵌入文档，即一个文档可以包含另一个文档。

（7）Array：数组类型，用于存储值的有序集合。数组可以包含任何类型的值，包括其他数组或嵌入文档。

（8）Binary Data：二进制数据类型，用于存储二进制数据。MongoDB 提供了几种不同的二进制数据子类型，用于表示不同的二进制格式。

（9）Date：日期时间类型，用于存储日期和时间信息。MongoDB 以 UTC 格式存储日期时间，可以精确到毫秒。

（10）Object ID：对象 ID 类型，是 MongoDB 中文档的默认主键类型。它是一个 12 字节的 BSON 类型的数据，通常用于唯一标识文档。

（11）Regular Expression：正则表达式类型，用于存储正则表达式，以便在查询中进行模式匹配。

（12）JavaScript：JavaScript 代码类型，用于在文档中存储 JavaScript 代码片段。MongoDB 支持在服务器端执行 JavaScript 代码。

（13）Symbol：符号类型，类似于字符串，但通常用于表示特定语言环境下的字符串。

（14）TimeStamp：时间戳类型，用于存储以秒为单位的 UNIX 时间戳。

（15）Min/Max Key：特殊类型，用于表示比较操作中最小或最大的值。

这些数据类型提供了丰富的表达能力，使得 MongoDB 能够处理各种复杂的数据结构，满足不同的应用需求。

5.4　在 Windows 系统下安装和启动

在 Windows 系统下安装 MongoDB 是一个相对简单的过程，它使得 Windows 用户能够充分利用 MongoDB 的功能和优势，为各种应用提供高效、稳定的数据支持。接下来将详细介绍在 Windows 系统下安装 MongoDB 的具体步骤和注意事项。

5.4.1　环境准备

在 Windows 系统下安装 MongoDB，需要先准备好 Windows 操作系统，只要是 Windows 10 及以上版本都可以，本书使用的 Windows 版本是 Windows 10 专业版。如果是比 Windows 10 低的版本，则需要下载安装更低的 MongoDB 版本，相应的功能使用和函数操作会有些差异。然后，准备 MongoDB，可以从 MongoDB 的官网下载安装包，也可以从本书提供的教学资源包中找到后缀名为 msi 的安装包，如图 5-2 所示。

图 5-2　安装包

5.4.2　安装软件

（1）双击安装包，打开如图 5-3 所示的界面，单击"Next"按钮。
（2）勾选同意许可证协议复选框，单击"Next"按钮，如图 5-4 所示。

图 5-3　单击"Next"按钮 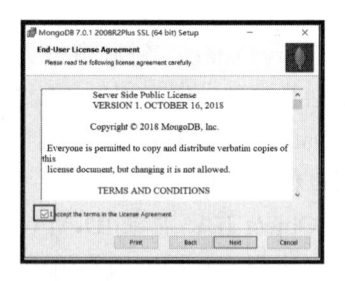　　　　图 5-4　勾选同意许可证协议复选框

（3）单击"Complete"按钮，如图 5-5 所示。
（4）在弹出的对话框中，可以修改 Data 和 Log 的存放目录，单击"Next"按钮，如图 5-6 所示。

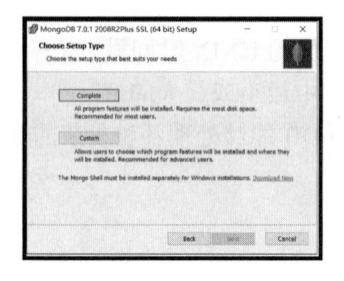

图 5-5　单击"Complete"按钮 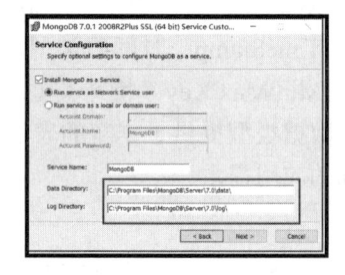　　　　图 5-6　修改 Data 和 Log 的存放目录

（5）勾选"Install MongoDB Compass"复选框，同时安装 GUI 软件，继续单击"Next"按钮，如图 5-7 所示。
（6）单击"Install"按钮开始安装，如图 5-8 所示。

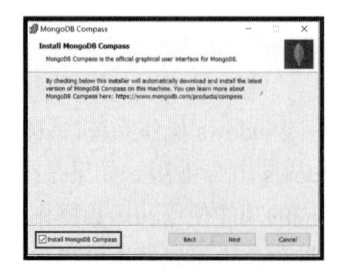

图 5-7　勾选"Install MongoDB Compass"复选框 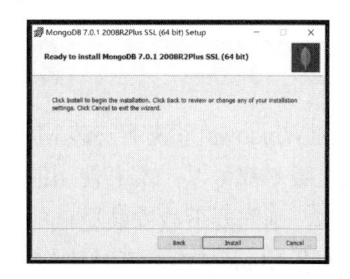　　　　图 5-8　单击"Install"按钮

第 5 章　文档存储数据库 MongoDB | 75

（7）单击"Install"按钮后，出现安装进度界面，等待安装完成，如图 5-9 所示。安装完成后出现如图 5-10 所示的对话框。

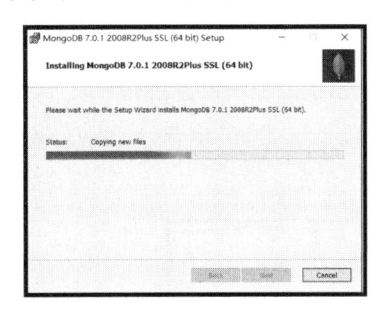

图 5-9　等待安装完成 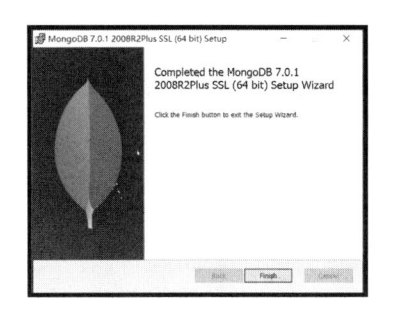　　　　　　　　　　图 5-10　安装完成

（8）此时 MongoDB 就安装成功了，单击"Finish"按钮，会自动打开 Compass 窗口，如图 5-11 所示，可以看到连接已经自动填好，单击"Connect"按钮即可连接数据库。

连接成功之后可以看到左侧有 admin、config、local 三个数据库，此时 MongoDB 的服务和 GUI 都已经安装成功，如图 5-12 所示。

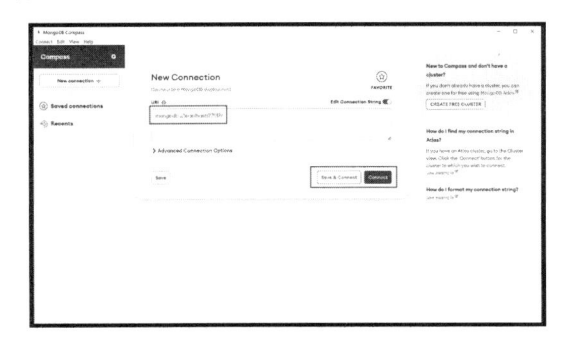

图 5-11　安装完成后自动打开 Compass 窗口 　　　　图 5-12　数据库安装成功

（9）也可以打开"任务管理器"窗口，在其中可以看到 MongoDB 的状态为"正在运行"，如图 5-13 所示。

图 5-13　查看 MongoDB 状态

5.5 在 Linux 系统下安装和启动

在 Linux 系统下安装 MongoDB 需要以命令的方式进行，这里以 VMware-workstation 17.0.0 Ubuntu 22.04.3 LTS 桌面版 64 位 Linux 为例，首先需要导入包管理公钥，代码如下。

```
wget -qO - MongoDB官网网址/static/pgp/server-6.0.asc | sudo apt-key add -
```

运行结果如图 5-14 所示。

图 5-14 包管理公钥导入

5.5.1 创建列表文件

先查看当前的 Linux 系统版本，代码如下。

```
lsb_release -dc
```

运行结果如图 5-15 所示。

根据当前的 Codename 执行下方对应的命令。如果 Codename 是 jammy，就修改为 jammy；如果是 focal，就修改为 focal，代码如下。

```
echo "deb[ arch=amd64,arm64 ]MongoDB官网网址/apt/ubuntu jammy/mongodb-org/6.0 multiverse" | sudo tee /etc/apt/sources.list.d/mongodb-org-6.0.list
```

运行结果如图 5-16 所示。

图 5-15 查看当前的 Linux 系统版本

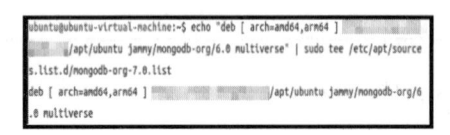

图 5-16 创建文件列表

5.5.2 更新安装包列表

接下来就可以从最新的软件包列表中获取最新的安装包了，代码如下。

```
sudo apt-get update
```

运行结果如图 5-17 和图 5-18 所示。

图 5-17 更新安装包列表

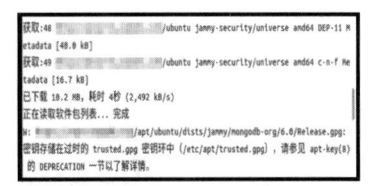

图 5-18 更新安装包列表成功

5.5.3 安装 MongoDB

准备好安装包之后，下面开始安装，代码如下。

```
sudo apt-get install -y mongodb-org
```

运行结果如图 5-19 所示。

图 5-19　安装 MongoDB

5.5.4 启动 MongoDB

（1）启动 MongoDB，代码如下。

```
sudo systemctl start mongod
```

（2）验证启动是否成功，代码如下。

```
sudo systemctl status mongod
```

运行结果如图 5-20 所示。

（3）此时 MongoDB 的服务已启动，打开 MongoDB，代码如下。

```
mongosh
```

运行结果如图 5-21 所示。

图 5-20　启动成功

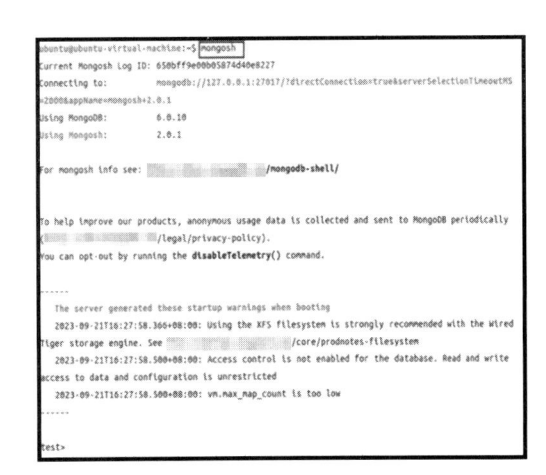

图 5-21　打开 MongoDB

（4）在打开的 MongoDB 中查看数据库，代码如下。

```
show dbs
```

运行结果如图 5-22 所示。

```
test> show dbs
admin   40.00 KiB
config  12.00 KiB
local   40.00 KiB
```

图 5-22　查看数据库

此时 MongoDB 安装成功，且已经启动。

5.6　MongoDB 的基本命令

在使用 MongoDB 时，掌握其基本命令对于有效管理和操作数据库至关重要。下面将介绍在 MongoDB 中使用数据库和集合操作的基本命令，这些命令将帮助我们更好地了解和管理数据。

5.6.1　查看数据库

查看数据库的命令有两个：

```
show database
```

或

```
show dbs
```

运行结果如下。

```
test> show databases
admin  40.00 KiB
config 72.00 KiB
local  40.00 KiB
test> show dbs
admin  40.00 KiB
config 60.00 KiB
local  40.00 KiB
```

查看到的这 3 个数据库都是系统自带的数据库。
- admin：存放用户和权限。
- config：存储分片信息。
- local：存放本地化数据。

5.6.2　使用数据库

切换当前使用的数据库，需要使用 use 关键字，语法如下。

```
use 数据库名
```

【例 5-1】切换当前使用的数据库 student。

```
test> use admin
```

```
switched to db admin
admin> use local
switched to db local
local> use student
switched to db student
student>
```

当命令执行成功后,">"前面显示的是已经切换到的对应的数据库。同时发现原来的数据库里并没有 student 数据库,但是输入命令也没有报错。这是因为 MongoDB 会隐式创建,当后期该数据库有数据时将自动创建。

数据库的命名也有一定的规则,命名规范如下。

(1) 可以使用 UTF-8 字符。
(2) 不能含有空格、"."、"/"和 "\0"等符号。
(3) 长度不能超过 64 字节。
(4) 不能和系统自带的数据库重名。

注意:最好使用小写字母来表达数据库的含义,也就是说命名要有意义。

5.6.3 删除数据库

删除数据库,需要使用函数 dropDatabase()。

(1) 准备一个数据库,用于删除。创建 stu 数据库,并在 class 集合中插入一条数据 "{'name':'Nicole','age':17}",代码如下。

```
student>use stu
stu> db.class.insertOne({'name':'Nicole','age':17})
{
 acknowledged: true,
 insertedId: ObjectId("6512768e40c43ffaee2725da")
}
stu>
```

(2) 使用 show dbs 命令查看现在已经存在的数据库,代码如下。可以看到刚才创建的 stu 数据库。

```
stu>show dbs
admin  40.00 KiB
config 108.00 KiB
local  40.00 KiB
stu    72.00 KiB
```

(3) 使用 dropDatabase()函数删除 stu 数据库,代码如下。

```
db.dropDatabase()
```

运行结果如下。

```
stu> db.dropDatabase()
{ ok: 1, dropped: 'stu' }
stu> show dbs
```

```
admin  40.00 KiB
config 108.00 KiB
local  40.00 KiB
```

可以看到，此时 stu 数据库已经被删除。

5.6.4 集合

集合就是一组文档，类似于关系数据库中的表。同一个应用的数据建议存放在同一个数据库中，但是一个应用可能有很多个对象。

1. 集合的特点

集合是无模式的，也就是说，一个集合里的文档可以是各种类型的，MongoDB 的集合具有以下几个显著特点。

（1）面向集合、文档存储：MongoDB 使用集合来存储数据，每个集合可以包含多个文档。这种面向集合的存储方式使得 MongoDB 能够轻松应对复杂的数据类型，并且易于存储对象类型的数据。每个文档都是一条记录，可以包含不同的字段和值，这种灵活性使得 MongoDB 能够适应不同类型的数据存储需求。

（2）模式自由：MongoDB 是一个无模式的数据库，这意味着在同一个集合中的文档可以具有不同的字段结构和数据类型。这种无模式限制的特点使得集合能够轻松地适应数据的变化，而无须事先定义固定的表结构。

（3）高效读写性能：MongoDB 的集合提供了高效的读写性能。它使用索引和内存缓存等技术，可以快速地查询和更新数据。这使得 MongoDB 在处理大量数据的同时还能够保持高性能，满足实时处理和查询数据的需求。

（4）支持水平扩展：MongoDB 支持数据的水平扩展，可以通过分片技术将数据分布在多个服务器上。集合可以根据需要进行分片，以提供更高的吞吐量和存储容量。这种扩展性使得 MongoDB 能够应对大规模数据处理和高并发访问的挑战。

（5）动态查询：MongoDB 支持强大的查询语言，其语法类似于面向对象的查询语言，可以实现类似关系数据库单表查询的绝大部分功能。这种动态查询能力使得 MongoDB 能够灵活地处理各种查询需求，提高了数据的可访问性和可用性。

总体来看，MongoDB 的集合具有面向集合、文档存储，模式自由，高效读写性能，支持水平扩展，以及动态查询等特点。这些特点使得 MongoDB 成为一个功能强大且灵活的数据库系统，适用于各种复杂的数据存储和查询需求。

2. 集合的命名规则

MongoDB 集合的命名规则如下。

（1）集合名称必须是字符串类型，这是为了确保集合名称的一致性和正确性。

（2）集合名称不能包含空格，因为空格在数据库查询和操作中可能会引起混淆或错误。

（3）集合名称不能以系统保留字开头，如 "system."。这是为了避免与 MongoDB 的系统集合发生冲突，确保数据库的稳定性和正确性。

（4）集合名称的长度不能超过 64 个字符，这是 MongoDB 对集合名称长度的限制，需要遵守。

在命名集合时，还应遵循一些命名惯例。

（1）使用小写字母和下画线作为集合名的分隔符，如"my_collection"。这样可以提高集合名称的可读性，并且避免大小写敏感的问题。

（2）使用具有描述性的名称，以便更好地理解集合的内容和用途。例如，如果集合存储用户信息，那么可以命名为"user_info"。

（3）避免使用过于复杂或难以理解的集合名，尽量保持简洁明了，使其易于记忆和使用。

总的来说，MongoDB 集合的命名规则旨在确保集合名称的合法性、一致性和可读性，从而方便用户进行数据库操作和管理。在命名集合时，应遵守这些规则，并根据实际情况选择合适的命名方式。

3．子集合

在 MongoDB 中，子集合（Subcollection）是集合的一种特殊形式，它是一个集合的子集。子集合的概念主要用于组织集合，使数据结构更加清晰和易于管理。通过使用特定的规则，可以将文档分组到子集合中。

在实际应用中，子集合常常通过特定的命名规则来划分，比如使用"."字符来分隔集合名称，形成类似"parent.child"的结构。

此外，子集合的引入也有助于建立集合之间的关系。通过子集合的引用，可以在一个集合中引用另一个集合中的文档，从而在查询和操作数据时实现关联。这种关联性的建立使得 MongoDB 能够更高效地处理复杂的数据关系，提高了数据的可访问性和可操作性。

5.6.5 集合的相关操作

1．查看集合

使用 show 关键字查看集合，暂时未能查看到集合，因为 test 数据库此时是空的，语法如下。

```
test> show tables
test> show collections
```

2．创建集合

创建集合需要使用 createCollection()函数，语法如下。

```
db.createCollection('集合名')
```

【例 5-2】创建名为"c1"的集合。

```
test> db.createCollection('c1')
{ ok: 1 }
```

也可以隐式创建，当向集合中插入一条数据时，如果这个集合不存在则自动创建。

【例 5-3】隐式创建 class 集合。

```
test> db.class.insertOne({'name':'Lily','age':'20'})
```

```
{
    acknowledged: true,
    insertedId: ObjectId("65127b1abc74d9d40f0e7724")
}
```

3. 删除集合

删除集合需要使用 drop() 函数，语法如下。

```
db.集合名.drop()
```

【例 5-4】删除 c1 集合。

```
test>show tables
c1
class
stu> db.c1.drop()
true
stu> show tables
class
```

删除之后，只剩下 class 集合。

4. 集合重命名

重命名集合需要使用 renameCollection() 函数，语法如下。

```
db.集合名.renameCollection('新的集合名')
```

【例 5-5】将 class 集合重新命名为 "mycollection"。

```
db.class.renameCollection('mycollection')
```

运行结果如下。

```
stu> db.class.renameCollection('mycollection')
{ ok: 1 }
stu> show tables
mycollection
stu>
```

本章小结

本章介绍了 MongoDB 的基本概念、安装启动及常用数据类型，还讲解了使用 MongoDB 的基本命令。通过本章的学习，学生可以激发自身的学习热情，培养分析和归纳的能力，为成长为优秀的高新技术人才奠定基础。

课后习题

1. MongoDB 是一个基于_____的数据库。

2．NoSQL 泛指_____的数据库。

3．MongoDB 的最小存储单位就是_____对象。

4．MongoDB 的历史可以追溯到_____年，由 Dwight Merriman、Eliot Horowitz 和 Kevin Ryan 共同开发。

5．_____是一种类似 JSON 的形式的存储格式，简称 Binary JSON。

6．总结 MongoDB 的组织结构，并了解其含义。

7．从官网了解最新版本的 MongoDB。

项目实训

要求：使用命令创建名为 grade 的数据库，在数据库中创建名为"class"的集合，在集合中插入若干文档，要求如下。

（1）文档格式为"{name:'张三',age:10,sex:'m',hobby:['a','b','c'...]}"。

（2）年龄"age"要求在 4～13 岁范围内。

（3）爱好"hobby"有几项都可以，可选项有"draw""sing""dance""basketball""football""computer"。

第 6 章　MongoDB 文档的增删改查

◎ 学习导读

文档是 MongoDB 中数据的基本单元，本章将介绍文档的键和值，通过实际范例介绍增加数据、删除数据、修改数据和查询数据的各种函数，并且区分操作一条数据和同时操作多条数据的函数，以及文档中常用的时间类型和 NULL 类型。

◎ 知识目标

熟练掌握数据库的增删改查函数

熟练掌握数据库、文档、键、值等概念

◎ 素养目标

培养熟练运用各类函数的能力

培养熟练解决问题的能力

6.1　MongoDB 文档

MongoDB 的主要特点在于其灵活的数据模型、强大的查询语言，以及高性能的数据读写能力。它采用以文档为基本单元的数据模型，每个文档都是一个由键值对组成的数据结构，类似于关系数据库中的行。这种数据模型不仅使得数据存储更加灵活，而且能够减少高昂的连接操作成本。我们前面已经了解了 MongoDB 的数据存储格式为 BSON。键值对按照 BSON 格式结合起来存入 MongoDB 就形成一个文档，文档是对数据的一种描述。

6.1.1　文档的键和值

键即文档的域，值即文档存储的数据。键命名需要遵循一定的规则，以确保数据的正确性和一致性。键命名的主要规则如下。

（1）UTF-8 字符：键名可以使用任意 UTF-8 字符，但有少数例外，如空字符（\0），它用于表示键的结尾，因此不能作为键名的一部分。

（2）不能含有空字符：键名不能包含空字符（\0），因为该字符用于标识键名的结束。

（3）区分大小写：键名是区分大小写的，因此"name"和"Name"会被视为两个不同的键。

（4）不能是保留字：键名不能是 MongoDB 的保留字或关键字，如"null""true""false"

等。这些保留字在 MongoDB 中有特殊的含义和用途。

（5）"."和".."的使用限制：虽然"."在 MongoDB 中通常用于表示嵌套文档的路径，但在单个键名中不能直接使用。

6.1.2 文档的 ID

每个文档都有一个特殊的字段，即_id 字段，用于唯一标识该文档。_id 字段是 MongoDB 的核心组成部分，确保了数据的完整性和准确性。文档的_id 是 ObjectId 类型，如下所示。

```
"_id":ObjectId("5f59a44b2922bf2748ebe98c")
```

当向 MongoDB 集合中插入一个新文档时，如果没有明确指定_id 字段的值，系统会自动生成一个唯一的 ObjectId 作为该文档的_ID，自动添加该域作为主键，值是一个 ObjectId 类型的数据。_id 字段采用 24 位十六进制数，保证 ID 值的唯一性。

注意：我们也可以自定义 ID 的值，只需给插入的 JSON 数据添加 ID 键即可覆盖，但是不推荐这样做。

ID 的组成包括 8 位文档创建时间（时间戳）、6 位机器 ID、4 位进程 ID、6 位计数器，如表 6-1 所示。

表 6-1　ID 的组成

组成	文档创建时间				机器 ID			进程 ID		计数器		
ID	5f	59	a4	4b	29	22	bf	27	48	eb	e9	8c
位数	0	1	2	3	4	5	6	7	8	9	10	11

在 MongoDB 中，集合有两个比较重要的特点：集合中的文档的域的个数不一定相同，集合中的文档不一定有相同的域。

注意：在关系数据库中，表决定字段；而在非关系数据库中，文档决定域。

集合设计遵循以下原则。

（1）集合中的文档尽可能描述同一类内容，有更多相同的域。

（2）同一类的数据信息，不要过多分散在不同集合存放。

（3）集合中文档的层次不要包含太多。

6.2 增加数据

MongoDB 增加数据的方法多种多样，不仅可以通过简单的插入操作实现单条或多条数据的增加，还可以通过部分 JavaScript 语句实现数据增加。这些方法不仅满足了不同业务场景的需求，还提供了极大的灵活性，使得开发者可以根据实际情况选择最适合的方式。

6.2.1 增加一条数据

语法如下。

```
db.集合名.insertOne()
```

注意：若集合存在则直接增加数据，若集合不存在则隐式创建。

【例 6-1】在 test2 数据库中的 c1 集合中插入如下数据。

```
use test2
db.c1.insertOne({uname:"webopenfather",age:18})
```

对象的键统一不加引号，方便查看，但是查看集合数据时系统会自动加上引号。MongoDB 会给每条数据增加一个唯一的_id 键，运行结果如下。

```
test2> show dbs                                              # 查看数据库没有test2
admin    40.00 KiB
config   72.00 KiB
local    72.00 KiB
stu      40.00 KiB
test     4.83 MiB
test2> use test2
already on db test2
test2> db.c1.insertOne({uname:"webopenfather",age:18})       # 增加1条数据
{
  acknowledged: true,
  insertedId: ObjectId("658d0e882b085dddd7f2259b")
}
test2> db.c1.find()                                          # 查看c1的数据
[
  {
    _id: ObjectId("658d0e882b085dddd7f2259b"),
    uname: 'webopenfather',
    age: 18
  }
]
test2> show collections                                      # 已经隐式创建c1
c1
test2> show dbs
admin    40.00 KiB
config   72.00 KiB
local    72.00 KiB
stu      40.00 KiB
test     4.83 MiB
test2    40.00 KiB
test2>
```

6.2.2 自定义 ID 值

除了系统自动生成的 ObjectId，我们还可以根据业务需求自定义 ID 的生成方式。只需给插入的 JSON 数据增加_id 键即可覆盖（但是在实际操作中不推荐这样做），语法如下。

```
db.c1.insertOne({_id:1,uname:"webopenfather",age:18})
```

运行结果如下。

```
test2> db.c1.insertOne({_id:1,uname:"webopenfather",age:18})
{ acknowledged: true, insertedId: 1 }
test2> db.c1.find()
[
  {
    _id: ObjectId("658d0e882b085dddd7f2259b"),
    uname: 'webopenfather',
    age: 18
  },
  { _id: 1, uname: 'webopenfather', age: 18 }
]
test2>
```

6.2.3 增加多条数据

增加多条数据使用 insertMany()函数，在参数中传递数组，在数组中填写一个 JSON 数据，语法如下。

```
db.集合名.insertMany()
```

【例 6-2】在 c1 集合中增加多条数据。

```
db.c1.insertMany([
{uname:"张三",age:2},
{uname:"李四",age:3},
{uname:"王五",age:4}
])
```

运行结果如下。

```
test2> db.c1.insertMany([
{uname:"张三",age:2},
{uname:"李四",age:3},
{uname:"王五",age:4}
])
{
  acknowledged: true,
  insertedIds: {
    '0': ObjectId("658d103ecdbfb92ea3bb3e04"),
    '1': ObjectId("658d103ecdbfb92ea3bb3e05"),
    '2': ObjectId("658d103ecdbfb92ea3bb3e06")
  }
}
```

思考：如何快速插入 10 条数据？

解决：MongoDB 底层是使用 JavaScript 引擎实现的，所以支持部分 JavaScript 语法，代码如下。

```
for(var i= 1;i<= 10;i++){
```

```
print(i)
}
```

【例 6-3】在 test2 数据库的 c2 集合中插入 10 条数据："a1""a2"…"a10"。

```
for(var i= 1;i<= 10;i++){
   db.c2.insertOne({uname:"a" +i,age:i})
}
```

运行结果如下。

```
test2> for(var i= 1;i<= 10;i++){
   db.c2.insertOne({uname:"a" +i,age:i})
}
{
  acknowledged: true,
  insertedId: ObjectId("658d10d2cdbfb92ea3bb3e10")
}
test2> db.c2.find()
[
  { _id: ObjectId("658d10d2cdbfb92ea3bb3e07"), uname: 'a1', age: 1 },
  { _id: ObjectId("658d10d2cdbfb92ea3bb3e08"), uname: 'a2', age: 2 },
  { _id: ObjectId("658d10d2cdbfb92ea3bb3e09"), uname: 'a3', age: 3 },
  { _id: ObjectId("658d10d2cdbfb92ea3bb3e0a"), uname: 'a4', age: 4 },
  { _id: ObjectId("658d10d2cdbfb92ea3bb3e0b"), uname: 'a5', age: 5 },
  { _id: ObjectId("658d10d2cdbfb92ea3bb3e0c"), uname: 'a6', age: 6 },
  { _id: ObjectId("658d10d2cdbfb92ea3bb3e0d"), uname: 'a7', age: 7 },
  { _id: ObjectId("658d10d2cdbfb92ea3bb3e0e"), uname: 'a8', age: 8 },
  { _id: ObjectId("658d10d2cdbfb92ea3bb3e0f"), uname: 'a9', age: 9 },
  { _id: ObjectId("658d10d2cdbfb92ea3bb3e10"), uname: 'a10', age: 10 }
]
```

6.3 查询数据

MongoDB 作为一款强大的文档数据库管理系统，为查询数据提供了丰富而灵活的功能。无论是简单的单条件查询，还是复杂的聚合查询，MongoDB 都能够满足各种业务需求，帮助用户快速找到所需的数据。

6.3.1 查询

基础查询语法如下。

db.集合名.find(条件,[查询的列])

1）条件的格式

（1）查询所有数据用{}或者不写。

（2）查询 age=6 的数据，可以写成{age:6}。

（3）既要 age=6 又要 sex="男"，可以写成{age:6,sex:'男'}。

2）查询的列（可选参数）的格式

（1）不写参数表示查询全部列（字段）。

（2）{age:1}表示只显示 age 列（字段/域）。

（3）{age:0}表示除了 age 列，其他字段都显示。

【例 6-4】find()函数的使用。

（1）查询所有数据，运行结果如下。

```
test2>db.c1.find()
[
  {
    _id: ObjectId("658d0e882b085dddd7f2259b"),
    uname: 'webopenfather',
    age: 18
  },
  { _id: ObjectId("658d103ecdbfb92ea3bb3e04"), uname: '张三', age: 2 },
  { _id: ObjectId("658d103ecdbfb92ea3bb3e05"), uname: '李四', age: 3 },
  { _id: ObjectId("658d103ecdbfb92ea3bb3e06"), uname: '王五', age: 4 },
  { _id: 1, uname: 'webopenfather', age: 18 }
]
```

（2）只查询 uname 列，运行结果如下。

```
test2>db.c1.find({},{uname:1})
[
  { _id: ObjectId("658d0e882b085dddd7f2259b"), uname: 'webopenfather' },
  { _id: ObjectId("658d103ecdbfb92ea3bb3e04"), uname: '张三' },
  { _id: ObjectId("658d103ecdbfb92ea3bb3e05"), uname: '李四' },
  { _id: ObjectId("658d103ecdbfb92ea3bb3e06"), uname: '王五' },
  { _id: 1, uname: 'webopenfather' }
]
```

（3）查询除了 uname 列的数据，运行结果如下。

```
test2>db.c1.find({},{uname:0})
[
  { _id: ObjectId("658d0e882b085dddd7f2259b"), age: 18 },
  { _id: ObjectId("658d103ecdbfb92ea3bb3e04"), age: 2 },
  { _id: ObjectId("658d103ecdbfb92ea3bb3e05"), age: 3 },
  { _id: ObjectId("658d103ecdbfb92ea3bb3e06"), age: 4 },
  { _id: 1, age: 18 }
]
```

6.3.2 查询中的算术运算符

MongoDB 的查询语言非常强大且直观，类似于面向对象的查询语法，使得开发者能够轻松构建复杂的查询语句。它支持多种查询操作符，如等于、大于、小于、范围查询等，允许用户根据具体需求定制查询条件。算术运算符如表 6-2 所示。

表 6-2　算术运算符

运算符	作用
$gt	大于
$gte	大于等于
$lt	小于
$lte	小于等于
$ne	不等于
$in	在范围内
$nin	不在范围内

语法如下。

```
db.集合名.find({键:值})  注意：值的格式 {运算符:值}
db.集合名.find({键:{运算符:值}})
```

【例 6-5】在 c1 集合中查询年龄大于 5 岁的数据。

```
db.c1.find({age:{$gt:5}})
```

运行结果如下。

```
test2> db.c1.find({age:{$gt:5}})
[
  {
    _id: ObjectId("658d0e882b085dddd7f2259b"),
    uname: 'webopenfather',
    age: 18
  },
  { _id: 1, uname: 'webopenfather', age: 18 }
]
```

【例 6-6】在 c2 集合中查询年龄是 5 岁、8 岁、10 岁的数据。

```
db.c2.find({age:{$in:[5,8,10]}})
```

运行结果如下。

```
test2> db.c2.find({age:{$in:[5,8,10]}})
[
  { _id: ObjectId("658d10d2cdbfb92ea3bb3e0b"), uname: 'a5', age: 5 },
  { _id: ObjectId("658d10d2cdbfb92ea3bb3e0e"), uname: 'a8', age: 8 },
  { _id: ObjectId("658d10d2cdbfb92ea3bb3e10"), uname: 'a10', age: 10 }
]
```

【例 6-7】在 c2 集合中只查询年龄列，或者只查询年龄列以外的列。

```
test2> db.c2.find({},{age:1})
[
  { _id: ObjectId("658d10d2cdbfb92ea3bb3e07"), age: 1 },
  { _id: ObjectId("658d10d2cdbfb92ea3bb3e08"), age: 2 },
  { _id: ObjectId("658d10d2cdbfb92ea3bb3e09"), age: 3 },
  { _id: ObjectId("658d10d2cdbfb92ea3bb3e0a"), age: 4 },
```

```
    { _id: ObjectId("658d10d2cdbfb92ea3bb3e0b"), age: 5 },
    { _id: ObjectId("658d10d2cdbfb92ea3bb3e0c"), age: 6 },
    { _id: ObjectId("658d10d2cdbfb92ea3bb3e0d"), age: 7 },
    { _id: ObjectId("658d10d2cdbfb92ea3bb3e0e"), age: 8 },
    { _id: ObjectId("658d10d2cdbfb92ea3bb3e0f"), age: 9 },
    { _id: ObjectId("658d10d2cdbfb92ea3bb3e10"), age: 10 }
]
test2> db.c2.find({},{age:0})
[
    { _id: ObjectId("658d10d2cdbfb92ea3bb3e07"), uname: 'a1' },
    { _id: ObjectId("658d10d2cdbfb92ea3bb3e08"), uname: 'a2' },
    { _id: ObjectId("658d10d2cdbfb92ea3bb3e09"), uname: 'a3' },
    { _id: ObjectId("658d10d2cdbfb92ea3bb3e0a"), uname: 'a4' },
    { _id: ObjectId("658d10d2cdbfb92ea3bb3e0b"), uname: 'a5' },
    { _id: ObjectId("658d10d2cdbfb92ea3bb3e0c"), uname: 'a6' },
    { _id: ObjectId("658d10d2cdbfb92ea3bb3e0d"), uname: 'a7' },
    { _id: ObjectId("658d10d2cdbfb92ea3bb3e0e"), uname: 'a8' },
    { _id: ObjectId("658d10d2cdbfb92ea3bb3e0f"), uname: 'a9' },
    { _id: ObjectId("658d10d2cdbfb92ea3bb3e10"), uname: 'a10' }
]
```

6.3.3 查询中的逻辑运算符

逻辑运算符用于在查询中将多个条件组合在一起，以满足更加复杂的查询需求。MongoDB 提供了几个主要的逻辑运算符，包括$and、$or、$not 和$nor。

在 test2 数据库的 class 集合中，插入如下数据。

```
db.class.insertMany([{name:"Davil",age:18,sex:"m"},
{name:"小白",age:16,sex:"m"},
{name:"小陈",age:19},
{name:"小王",age:45,sex:"m"}
])
```

1. 逻辑与$and

逻辑与$and 表示并且的关系，可以基于一个或多个表达式执行逻辑 AND 操作。只有当所有的表达式结果都为 true 时，$and 运算符才返回 true。

【例 6-8】查询年龄为 18 岁并且性别为男的数据。

```
db.class.find({$and:[{age:18},{sex:"m"}]},{_id:0})
```

注意：查询中如果不加多个条件，用逗号隔开即为 and 关系。

【例 6-9】查询年龄为 16 岁并且性别为男的数据。

```
db.class.find({age:16,sex:"m"},{_id:0})
```

【例 6-10】查询年龄大于 18 岁并且小于 25 岁的数据。

```
db.class.find({age:{$lt:25,$gt:18}},{_id:0})
```

运行结果如下。

```
test2> db.class.find({age:16,sex:"m"},{_id:0})
[ { name: '小白', age: 16, sex: 'm' } ]
test2> db.class.find({age:{$lt:25,$gt:18}},{_id:0})
[ { name: '小陈', age: 19 } ]
```

2. 逻辑或$or

逻辑或$or 表示或者的关系，该运算符用于在查询中组合多个条件，当满足多个条件中的任何一个时，返回匹配的数据。这意味着，只要有一个表达式的条件满足，$or 运算符就会返回数据。

【例 6-11】查询年龄大于 30 岁或者性别为男的数据。

```
db.class.find({$or:[{age:{$gt:30}},{sex:"m"}]},{_id:0})
```

运行结果如下。

```
test2> db.class.find({$or:[{age:{$gt:30}},{sex:"m"}]},{_id:0})
[
  { name: 'Davil', age: 18, sex: 'm' },
  { name: '小白', age: 16, sex: 'm' },
  { name: '小王', age: 45, sex: 'm' }
]
```

【例 6-12】查询年龄小于 20 岁或者性别为男的数据。

```
db.class.find({$or:[{age:{$lt:20}},{sex:"m"}]},{_id:0})
```

运行结果如下。

```
test2> db.class.find({$or:[{age:{$lt:20}},{sex:"m"}]},{_id:0})
[
  { name: 'Davil', age: 18, sex: 'm' },
  { name: '小白', age: 16, sex: 'm' },
  { name: '小陈', age: 19 },
  { name: '小王', age: 45, sex: 'm' }
]
```

3. 逻辑非$not

逻辑非$not 表示不的关系，该运算符用于在查询中执行逻辑 NOT 操作，表示对结果取反。

【例 6-13】查询一个年龄不等于 18 岁的数据。

```
db.class.find({age:{$not:{$eq:18}}},{_id:0})
```

运行结果如下。

```
test2> db.class.find({age:{$not:{$eq:18}}},{_id:0})
[
  { name: '小白', age: 16, sex: 'm' },
  { name: '小陈', age: 19 },
  { name: '小王', age: 45, sex: 'm' }
]
```

4．既不也不$nor

既不也不$nor 表示都不满足，该运算符与$or 相反，它要求所有给定的条件都不满足时才返回数据。

【例 6-14】 查找年龄既不等于 18 岁，性别也不为男的数据。

```
db.class.find({$nor:[{age:18},{sex:"m"}]},{_id:0})
```

运行结果如下。

```
test2> db.class.find({$nor:[{age:18},{sex:"m"}]},{_id:0})
[ { name: '小陈', age: 19 } ]
```

5．混合条件

单独条件不能符合要求时，可以使用混合条件。

【例 6-15】 查询年龄小于 20 岁并且姓名为 Davil，或者性别为男的数据。

```
db.class.find({$or:[{age:{$lt:20},name:"Davil"},{sex:"m"}]},{_id:0})
```

运行结果如下。

```
test2> db.class.find({$or:[{age:{$lt:20},name:"Davil"},{sex:"m"}]},{_id:0})
[
  { name: 'Davil', age: 18, sex: 'm' },
  { name: '小白', age: 16, sex: 'm' },
  { name: '小王', age: 45, sex: 'm' }
]
```

【例 6-16】 查询年龄小于 20 岁或者大于 30 岁，并且性别为男的数据。

```
db.class.find({ $and:[ {$or:[{age:{$lt:20}},{age:{$gt:30}}]} ],
{sex:"m"} ] }, {_id:0})
```

或者：

```
db.class.find({$or:[{age:{$lt:20}},{age:{$gt:30}}],sex:"m"},{_id:0})
```

运行结果如下。

```
test2> db.class.find({ $and:[ {$or:[{age:{$lt:20}},{age:{$gt:30}}]} ],
{sex:"m"} ] }, {_id:0})
[
  { name: 'Davil', age: 18, sex: 'm' },
  { name: '小白', age: 16, sex: 'm' },
  { name: '小王', age: 45, sex: 'm' }
]
test2> db.class.find({$or:[{age:{$lt:20}},{age:{$gt:30}}],sex:"m"},{_id:0})
[
  { name: 'Davil', age: 18, sex: 'm' },
  { name: '小白', age: 16, sex: 'm' },
  { name: '小王', age: 45, sex: 'm' }
]
```

6.3.4 文档中的数组

在 MongoDB 中,数组是一种非常灵活且强大的数据类型,它允许用户在单个文档字段中存储多个值。这些值可以是同一数据类型的多个实例,也可以是不同数据类型的混合。数组在 MongoDB 中的应用非常广泛,特别是在需要表示如用户列表、订单项、标签集合等场景时。数组定义非常简单直观,用户只需在文档中使用方括号[]来包含一系列的元素即可。

准备数据,代码如下。

```
test2> db.class.insertOne({name:"小红",age:9,score:[99,95,96]})
test2> db.class.insertOne({name:"小名",age:9,score:[78,88,86]})
test2> db.class.insertOne({name:"小胡",age:8,score:[100,88,96]})
test2> db.class.insertOne({name:"小孙",age:7,score:[88,92,77]})
test2> db.class.insertOne({name:"小亮",age:8,score:[89,89]})
```

1. 按数值查找

按数值查找可以使用算术运算符中表示比较的运算符。

【例 6-17】查询成绩数组中有任意一项小于 80 的文档。

```
db.class.find({score:{$lt:80}},{_id:0})
```

运行结果如下。

```
test2> db.class.find({score:{$lt:80}},{_id:0})
[
  { name: '小名', age: 9, score: [ 78, 88, 86 ] },
  { name: '小孙', age: 7, score: [ 88, 92, 77 ] }
]
```

2. $size

$size 表示按照指定 size 的数量进行查找。

【例 6-18】查找成绩数组中只包含两项数据的文档。

```
db.class.find({score:{$size:2}},{_id:0})
```

运行结果如下。

```
test2> db.class.find({score:{$size:2}},{_id:0})
[ { name: '小亮', age: 8, score: [ 89, 89 ] } ]
```

3. $all

$all 表示查找同时包含多项数据的文档。

【例 6-19】查询成绩数组中同时包含 100 和 88 的文档。

```
db.class.find({score:{$all:[100,88]}},{_id:0})
```

运行结果如下。

```
test2> db.class.find({score:{$all:[100,88]}},{_id:0})
[ { name: '小胡', age: 8, score: [ 100, 88, 96 ] } ]
```

4. $slice

$slice 表示取数组的一部分进行显示，在 find()函数中声明。

【例 6-20】查看成绩数组中的前两项。

```
db.class.find({},{_id:0,score:{$slice:2}})
```

运行结果如下。

```
test> db.class.find({},{_id:0,score:{$slice:2}})
[
  { name: '小红', age: 9, score: [ 99, 95 ] },
  { name: '小名', age: 9, score: [ 78, 88 ] },
  { name: '小胡', age: 8, score: [ 100, 88 ] },
  { name: '小孙', age: 7, score: [ 88, 92 ] },
  { name: '小亮', age: 8, score: [ 89, 89 ] }
]
```

【例 6-21】查询所有数据，并且跳过成绩数组第一项只显示后面两项。

```
db.class.find({},{_id:0,score:{$slice:[1,2]}})
```

运行结果如下。

```
test2> db.class.find({},{_id:0,score:{$slice:[1,2]}})
[
  { name: 'Davil', age: 18, sex: 'm' },
  { name: '小白', age: 16, sex: 'm' },
  { name: '小陈', age: 19 },
  { name: '小王', age: 45, sex: 'm' },
  { name: '小红', age: 9, score: [ 95, 96 ] },
  { name: '小名', age: 9, score: [ 88, 86 ] },
  { name: '小胡', age: 8, score: [ 88, 96 ] },
  { name: '小孙', age: 7, score: [ 92, 77 ] },
  { name: '小亮', age: 8, score: [ 89 ] }
]
```

5. 数组的下标操作

可以通过"域名.索引"的方式具体到操作数组的某一项，索引从 0 开始计数。

【例 6-22】查找成绩数组索引为"1"的项值为 88 的文档。

```
db.class.find({'score.1':88},{_id:0})
```

运行结果如下。

```
test2> db.class.find({'score.1':88},{_id:0})
[
  { name: '小名', age: 9, score: [ 78, 88, 86 ] },
  { name: '小胡', age: 8, score: [ 100, 88, 96 ] }
]
```

【例 6-23】查找成绩数组索引为"0"的项值大于 90 的文档。

```
db.class.find({'score.0':{$gt:90}},{_id:0})
```

运行结果如下。

```
test2> db.class.find({'score.0':{$gt:90}},{_id:0})
[
  { name: '小红', age: 9, score: [ 99, 95, 96 ] },
  { name: '小胡', age: 8, score: [ 100, 88, 96 ] }
]
```

【例 6-24】查找成绩数组索引为 "0" 的项值小于 90 的文档。

```
db.class.find({'score.0':{$lt:90}},{_id:0})
```

运行结果如下。

```
test2> db.class.find({'score.0':{$lt:90}},{_id:0})
[
  { name: '小名', age: 9, score: [ 78, 88, 86 ] },
  { name: '小孙', age: 7, score: [ 88, 92, 77 ] },
  { name: '小亮', age: 8, score: [ 89, 89 ] }
]
```

【例 6-25】将 "小名" 的成绩数组索引为 "2" 的项值修改为 88。

```
db.class.updateOne({name:"小名"},{$set:{'score.2':88}})
```

运行结果如下。

```
test2> db.class.updateOne({name:"小名"},{$set:{'score.2':88}})
{
  acknowledged: true,
  insertedId: null,
  matchedCount: 1,
  modifiedCount: 1,
  upsertedCount: 0
}
test2> db.class.find({name:"小名"})
[
  {
    _id: ObjectId("658d17bacdbfb92ea3bb3e16"),
    name: '小名',
    age: 9,
    score: [ 78, 88, 88 ]
  }
]
```

6. 内部文档操作

若文档内部某个域的值还是一个文档，则这个文档就是内部文档。

准备数据，代码如下。

```
db.class0.insertOne({name:'老舍',book:{title:'骆驼祥子',price:38}})
db.class0.insertOne({name:'鲁迅',book:{title:'狂人日记',price:48.8}})
db.class0.insertOne({name:'钱钟书',book:{title:'围城',price:52.0}})
```

【例 6-26】 查找书名为"围城"的内部文档。

```
db.class0.find({"book.title":'围城'},{_id:0})
```

运行结果如下。

```
test2> db.class0.find({"book.title":'围城'},{_id:0})
[ { name: '钱钟书', book: { title: '围城', price: 52 } } ]
```

【例 6-27】 将书名为"骆驼祥子"的内部文档的价格改为 49.9。

```
db.class0.updateOne({"book.title":'骆驼祥子'},{$set:{"book.price":49.9}})
```

运行结果如下。

```
test2> db.class0.updateOne({"book.title":'骆驼祥子'},{$set:{"book.price":
49.9}})
{
  acknowledged: true,
  insertedId: null,
  matchedCount: 1,
  modifiedCount: 1,
  upsertedCount: 0
}
test2> db.class0.find()
[
  {
    _id: ObjectId("658d1c4acdbfb92ea3bb3e1a"),
    name: '老舍',
    book: { title: '骆驼祥子', price: 49.9 }
  },
  {
    _id: ObjectId("658d1c55cdbfb92ea3bb3e1b"),
    name: '鲁迅',
    book: { title: '狂人日记', price: 48.8 }
  },
  {
    _id: ObjectId("658d1c5bcdbfb92ea3bb3e1c"),
    name: '钱钟书',
    book: { title: '围城', price: 52 }
  }
]
```

6.3.5 其他查询

　　MongoDB 的查询功能强大且灵活，它支持丰富的操作符查询和条件查询，使开发者能够根据自己的需求精确地检索数据库中的文档。除了基本的查询操作，MongoDB 还提供了域是否存在、余数查找、数据类型搜索等高级查询功能，进一步扩展了数据检索的能力。

1. $exists

$exists 是一个查询操作符，用于检查文档中是否包含某个域。如果存在，则返回 true；如果不存在，则返回 false。

【例 6-28】查找有性别域的文档（true 表示存在，false 表示不存在）。

```
db.class.find({sex:{$exists:true}},{_id:0})
db.class.find({sex:{$exists:false}},{_id:0})
```

运行结果如下。

```
test2> db.class.find({sex:{$exists:true}},{_id:0})
[
  { name: 'Davil', age: 18, sex: 'm' },
  { name: '小白', age: 16, sex: 'm' },
  { name: '小王', age: 45, sex: 'm' }
]
test2> db.class.find({sex:{$exists:false}},{_id:0})
[
  { name: '小陈', age: 19 },
  { name: '小红', age: 9, score: [ 99, 95, 96 ] },
  { name: '小名', age: 9, score: [ 78, 88, 88 ] },
  { name: '小胡', age: 8, score: [ 100, 88, 96 ] },
  { name: '小孙', age: 7, score: [ 88, 92, 77 ] },
  { name: '小亮', age: 8, score: [ 89, 89 ] }
]
```

2. $mod

$mod 是一个数组操作符，用于将一个字段的值与给定的除数进行取模运算，并检查结果是否等于给定的余数。

【例 6-29】找出年龄除以 2 余 0 的文档。

```
db.class.find({age:{$mod:[2,0]}},{_id:0})
```

运行结果如下。

```
test2> db.class.find({age:{$mod:[2,0]}},{_id:0})
[
  { name: 'Davil', age: 18, sex: 'm' },
  { name: '小白', age: 16, sex: 'm' },
  { name: '小胡', age: 8, score: [ 100, 88, 96 ] },
  { name: '小亮', age: 8, score: [ 89, 89 ] }
]
```

3. $type

$type 是一个数据类型操作符，用于检索集合中匹配的数据类型，并返回结果。该操作符可以与查询语句一起使用，以查找具有特定字段类型的文档。

【例 6-30】查找年龄字段为浮点数类型的文档（1 代表浮点数）。

```
db.class.find({age:{$type:1}},{_id:0})
```
或
```
db.class.find({age:{$type:["double"]}},{_id:0})
```

运行结果如下。

```
test2> db.class.find({age:{$type:1}},{_id:0})
test2> db.class.find({age:{$type:["double"]}},{_id:0})      # 此时 age 是 Int 32,
改为 double
test2> db.class.find({age:{$type:["double"]}},{_id:0})      # 查询到数据
[ { name: 'Davil', age: 18, sex: 'm' } ]
```

【例 6-31】查找姓名字段为字符串类型的文档（2 代表字符串）。

```
db.class.find({name:{$type:2}},{_id:0})
```

【例 6-32】查找年龄字段为浮点数和字符串类型的文档。

```
db.class.find({age:{$type:[1,2]}},{_id:0})
```

运行结果如下。

```
test2> db.class.find({name:{$type:2}},{_id:0})
[
  { name: 'Davil', age: 18, sex: 'm' },
  { name: '小白', age: 16, sex: 'm' },
  { name: '小陈', age: 19 },
  { name: '小王', age: 45, sex: 'm' },
  { name: '小红', age: 9, score: [ 99, 95, 96 ] },
  { name: '小名', age: 9, score: [ 78, 88, 88 ] },
  { name: '小胡', age: 8, score: [ 100, 88, 96 ] },
  { name: '小孙', age: 7, score: [ 88, 92, 77 ] },
  { name: '小亮', age: 8, score: [ 89, 89 ] }
]
test2> db.class.find({age:{$type:[1,2]}},{_id:0})
[ { name: 'Davil', age: 18, sex: 'm' } ]
```

MongoDB 中可以使用的数据类型及对应数字如表 6-3 所示。

表 6-3　数据类型及对应数字

数字表示	字符串表示	数据类型描述
1	"double"	双精度浮点数
2	"string"	字符串
3	"object"	对象（用于嵌套文档）
4	"array"	数组
5	"binary"	二进制数据
7	"objectId"	对象 ID（文档的唯一标识符）
8	"boolean"	布尔值
9	"date"	日期和时间
10	"null"	空值

续表

数字表示	字符串表示	数据类型描述
11	"regularExpression"	正则表达式
13	"javascript"	JavaScript 代码（已废弃，不建议使用）
14	"symbol"	符号（已废弃，不建议使用）
15	"javascriptWithScope"	带作用域的 JavaScript 代码（已废弃，不建议使用）
16	"int"	32 位整数
17	"timestamp"	时间戳
18	"long"	64 位整数
20	"decimal"	128 位浮点数（MongoDB 3.4 及更高版本支持）

6.3.6 常用函数

MongoDB 提供了丰富的函数和操作符，用于数据查询、更新、删除和聚合等操作。常用函数如下。

1. distinct()函数

distinct()函数用于查看集合当中某个域的取值范围。

【例 6-33】查看年龄的取值范围。

```
db.class.distinct("age")
```

运行结果如下。

```
test2> db.class.distinct("age")
[
   7,  8,  9, 16,
  18, 19, 45
]
```

2. pretty()函数

pretty()函数用于将查询结果格式化显示。

【例 6-34】格式化显示 class 集合中的文档。

```
db.class.find().pretty()
```

运行结果如下。

```
test2> db.class.find().pretty()
[
  {
    _id: ObjectId("658d1335cdbfb92ea3bb3e11"),
    name: 'Davil',
    age: 18,
    sex: 'm'
  },
  {
```

```
    _id: ObjectId("658d1335cdbfb92ea3bb3e12"),
    name: '小白',
    age: 16,
    sex: 'm'
 },......
```

3. count()函数

count()函数用于统计结果数。

【例 6-35】 查看 class 集合有多少个文档。

```
db.class.find({},{_id:0}).count()
```

运行结果如下。

```
test2> db.class.find({},{_id:0}).count()
9
```

6.4 修改数据

修改数据是数据库操作中至关重要的一环，它允许我们根据业务需求对存储在数据库中的数据进行更新和修改。MongoDB 的灵活性和强大性在修改数据方面得到了充分体现。我们可以使用各种条件表达式来精确地选择需要修改的文档，然后利用更新操作符来执行如设置字段值、增加字段值、删除字段等操作。这种功能使得我们可以根据实际需求，灵活地处理各种数据修改操作。

基础语法如下。

```
db.集合名.update(条件,新数据,[是否新增,是否修改多条])
```

- 是否新增：指条件匹配不到数据时是否插入（true 表示是，false 表示否），默认为 false。
- 是否修改多条：是否将匹配成功的数据都进行修改（true 表示是，false 表示否），默认为 false。

准备如下数据。

```
use test2
for(var i=1;i<=10;i++){
    db.c3.insertOne({uname:"zs"+i,age:i})
}
```

6.4.1 常用修改器

修改数据时需要根据条件选择具体的修改器来指定如何修改，常用修改器如表 6-4 所示。

表 6-4 常用修改器

修改器	作用
$inc	递增
$rename	重命名列
$set	修改列值
$unset	删除列

1. 修改一条数据

```
db.集合名.updateOne(条件,新数据)
```

其中新数据格式为{修改器:{键:值}}。

【例 6-36】将姓名为"zs1"的数据改为姓名"ls2"。

```
db.c3.updateOne({uname:"zs1"},{$set:{uname:"ls2"}})
```

运行结果如下。

```
test2> db.c3.updateOne({uname:"zs1"},{$set:{uname:"ls2"}})
{
  acknowledged: true,
  insertedId: null,
  matchedCount: 1,
  modifiedCount: 1,
  upsertedCount: 0
}
test2> db.c3.find()
[
  { _id: ObjectId("658d21b6cdbfb92ea3bb3e1d"), uname: 'ls2', age: 1 },
  { _id: ObjectId("658d21b6cdbfb92ea3bb3e1e"), uname: 'zs2', age: 2 },
  { _id: ObjectId("658d21b6cdbfb92ea3bb3e1f"), uname: 'zs3', age: 3 },
  { _id: ObjectId("658d21b6cdbfb92ea3bb3e20"), uname: 'zs4', age: 4 },
  { _id: ObjectId("658d21b6cdbfb92ea3bb3e21"), uname: 'zs5', age: 5 },
  { _id: ObjectId("658d21b6cdbfb92ea3bb3e22"), uname: 'zs6', age: 6 },
  { _id: ObjectId("658d21b6cdbfb92ea3bb3e23"), uname: 'zs7', age: 7 },
  { _id: ObjectId("658d21b6cdbfb92ea3bb3e24"), uname: 'zs8', age: 8 },
  { _id: ObjectId("658d21b6cdbfb92ea3bb3e25"), uname: 'zs9', age: 9 },
  { _id: ObjectId("658d21b6cdbfb92ea3bb3e26"), uname: 'zs10', age: 10 }
]
```

【例 6-37】使用修改器将姓名为"zs4"的数据修改为"zs44"。

```
db.c3.updateOne({uname:"zs4"},{$set:{uname:"zs44"}})
```

运行结果如下。

```
test2> db.c3.updateOne({uname:"zs4"},{$set:{uname:"zs44"}})
{
  acknowledged: true,
  insertedId: null,
  matchedCount: 1,
```

```
  modifiedCount: 1,
  upsertedCount: 0
}
test2> db.c3.find()
[
  { _id: ObjectId("658d21b6cdbfb92ea3bb3e1d"), uname: 'ls2', age: 1 },
  { _id: ObjectId("658d21b6cdbfb92ea3bb3e1e"), uname: 'zs2', age: 2 },
  { _id: ObjectId("658d21b6cdbfb92ea3bb3e1f"), uname: 'zs3', age: 3 },
  { _id: ObjectId("658d21b6cdbfb92ea3bb3e20"), uname: 'zs44', age: 4 },
  { _id: ObjectId("658d21b6cdbfb92ea3bb3e21"), uname: 'zs5', age: 5 },
  { _id: ObjectId("658d21b6cdbfb92ea3bb3e22"), uname: 'zs6', age: 6 },
  { _id: ObjectId("658d21b6cdbfb92ea3bb3e23"), uname: 'zs7', age: 7 },
  { _id: ObjectId("658d21b6cdbfb92ea3bb3e24"), uname: 'zs8', age: 8 },
  { _id: ObjectId("658d21b6cdbfb92ea3bb3e25"), uname: 'zs9', age: 9 },
  { _id: ObjectId("658d21b6cdbfb92ea3bb3e26"), uname: 'zs10', age: 10 }
]
```

【例 6-38】将姓名为"zs10"的数据的年龄增加 1 岁。

```
db.c3.updateOne({uname:"zs10"},{$inc:{age:1}})
```

运行结果如下。

```
test2> db.c3.updateOne({uname:"zs10"},{$inc:{age:1}})
{
  acknowledged: true,
  insertedId: null,
  matchedCount: 1,
  modifiedCount: 1,
  upsertedCount: 0
}
test2> db.c3.find()
[
  { _id: ObjectId("658d21b6cdbfb92ea3bb3e1d"), uname: 'ls2', age: 1 },
  { _id: ObjectId("658d21b6cdbfb92ea3bb3e1e"), uname: 'zs2', age: 2 },
  { _id: ObjectId("658d21b6cdbfb92ea3bb3e1f"), uname: 'zs3', age: 3 },
  { _id: ObjectId("658d21b6cdbfb92ea3bb3e20"), uname: 'zs44', age: 4 },
  { _id: ObjectId("658d21b6cdbfb92ea3bb3e21"), uname: 'zs5', age: 5 },
  { _id: ObjectId("658d21b6cdbfb92ea3bb3e22"), uname: 'zs6', age: 6 },
  { _id: ObjectId("658d21b6cdbfb92ea3bb3e23"), uname: 'zs7', age: 7 },
  { _id: ObjectId("658d21b6cdbfb92ea3bb3e24"), uname: 'zs8', age: 8 },
  { _id: ObjectId("658d21b6cdbfb92ea3bb3e25"), uname: 'zs9', age: 9 },
  { _id: ObjectId("658d21b6cdbfb92ea3bb3e26"), uname: 'zs10', age: 11 }
]
```

2. 修改器综合使用

同时使用多个修改器，可以一次性完成较为复杂的修改要求。

【例 6-39】同时修改多个条件。

提前插入如下数据。

```
db.c3.insertOne({uname:'王刚',age:66,who:'男',other:'unknown'})
```

完成如下要求。
- uname 改成 webopenfather（修改器$set），
- age 增加 10（修改器$inc），
- who 改成 sex（修改器$rename），
- other 删除（修改器$unset）。

代码如下。

```
db.c3.update({uname:"王刚"},
            {$set:{uname:"webopenfather"},
             $inc:{age:10},
             $rename:{who:"sex"},
             $unset:{other:true}
             }
            )
```

运行结果如下。

```
test2> db.c3.update({uname:"王刚"},
{$set:{uname:"webopenfather"},
$inc:{age:10},
$rename:{who:"sex"},
$unset:{other:true}})
{
  acknowledged: true,
  insertedId: null,
  matchedCount: 1,
  modifiedCount: 1,
  upsertedCount: 0
}
test2> db.c3.find()
[
  { _id: ObjectId("658d21b6cdbfb92ea3bb3e1d"), uname: 'ls2', age: 1 },
  { _id: ObjectId("658d21b6cdbfb92ea3bb3e1e"), uname: 'zs2', age: 2 },
  { _id: ObjectId("658d21b6cdbfb92ea3bb3e1f"), uname: 'zs3', age: 3 },
  { _id: ObjectId("658d21b6cdbfb92ea3bb3e20"), uname: 'zs44', age: 4 },
  { _id: ObjectId("658d21b6cdbfb92ea3bb3e21"), uname: 'zs5', age: 5 },
  { _id: ObjectId("658d21b6cdbfb92ea3bb3e22"), uname: 'zs6', age: 6 },
  { _id: ObjectId("658d21b6cdbfb92ea3bb3e23"), uname: 'zs7', age: 7 },
  { _id: ObjectId("658d21b6cdbfb92ea3bb3e24"), uname: 'zs8', age: 8 },
  { _id: ObjectId("658d21b6cdbfb92ea3bb3e25"), uname: 'zs9', age: 9 },
  { _id: ObjectId("658d21b6cdbfb92ea3bb3e26"), uname: 'zs10', age: 11 },
  {
    _id: ObjectId("658d22d9cdbfb92ea3bb3e27"),
    uname: 'webopenfather',
```

```
    age: 76,
    sex: '男'
  }
]
```

3. upsert 参数

upsert 参数为可选参数，该参数的意思是，如果未找到需要更新的记录，是否直接插入新的文档。true 为插入，默认为 false，不插入。

【例 6-40】修改姓名为 "zs30" 的数据的年龄为 30 岁。

```
db.c3.updateOne({uname:"zs30"},{$set:{age:30}},{upsert:true})
```

运行结果如下，没有找到姓名为 "zs30" 的数据，所以新增。

```
test2> db.c3.updateOne({uname:"zs30"},{$set:{age:30}},{upsert:true})
{
  acknowledged: true,
  insertedId: ObjectId("658d24302f9368b74e455ebd"),
  matchedCount: 0,
  modifiedCount: 0,
  upsertedCount: 1
}
test2> db.c3.find()
[
  { _id: ObjectId("658d21b6cdbfb92ea3bb3e1d"), uname: 'ls2', age: 1 },
  { _id: ObjectId("658d21b6cdbfb92ea3bb3e1e"), uname: 'zs2', age: 2 },
  { _id: ObjectId("658d21b6cdbfb92ea3bb3e1f"), uname: 'zs3', age: 3 },
  { _id: ObjectId("658d21b6cdbfb92ea3bb3e20"), uname: 'zs44', age: 4 },
  { _id: ObjectId("658d21b6cdbfb92ea3bb3e21"), uname: 'zs5', age: 5 },
  { _id: ObjectId("658d21b6cdbfb92ea3bb3e22"), uname: 'zs6', age: 6 },
  { _id: ObjectId("658d21b6cdbfb92ea3bb3e23"), uname: 'zs7', age: 7 },
  { _id: ObjectId("658d21b6cdbfb92ea3bb3e24"), uname: 'zs8', age: 8 },
  { _id: ObjectId("658d21b6cdbfb92ea3bb3e25"), uname: 'zs9', age: 9 },
  { _id: ObjectId("658d21b6cdbfb92ea3bb3e26"), uname: 'zs10', age: 11 },
  {
    _id: ObjectId("658d22d9cdbfb92ea3bb3e27"),
    uname: 'webopenfather',
    age: 76,
    sex: '男'
  },
  { _id: ObjectId("658d24302f9368b74e455ebd"), uname: 'zs30', age: 30 }
]
```

4. multi 参数

multi 参数为可选参数，默认为 false，表示只更新找到的第一条记录；如果参数为 true，则表示将按条件查出来的多条记录全部更新。

【例 6-41】修改所有数据的年龄为 10 岁。

```
db.c3.updateOne({},{$set:{age:10}},false,false)
```
或
```
db.c3.update({},{$set:{age:10}},false,false)
```

以上两种都是只修改了 1 条。

第一种的运行结果如下。

```
test2> db.c3.updateOne({},{$set:{age:10}},false,false)
{
  acknowledged: true,
  insertedId: null,
  matchedCount: 1,
  modifiedCount: 1,
  upsertedCount: 0
}
```

将参数改为 true，同时使用 updateMany() 函数。

```
db.c3.updateMany({},{$set:{age:10}},false,true)
```

运行结果如下。

```
test2> db.c3.updateMany({},{$set:{age:10}},false,true)
{
  acknowledged: true,
  insertedId: null,
  matchedCount: 12,
  modifiedCount: 11,
  upsertedCount: 0
}
```

6.4.2 数组修改器

MongoDB 中的数组修改器是一组用于修改文档中数组字段的特殊操作符。这些修改器允许用户以原子方式（即不可分割的操作）对数组进行各种操作，如添加、删除、更新元素等。以下是一些常用的数组修改器。

1. $push

$push 用于向数组末尾添加一个或多个元素。如果指定的数组已经存在，则直接在数组末尾添加元素；如果不存在，则会创建一个新的数组。

【例 6-42】给"小胡"的成绩数组中添加一个 100。

```
db.class.updateOne({name:"小胡"},{$push:{score:100}})
```

运行结果如下。

```
test2> db.class.updateOne({name:"小胡"},{$push:{score:100}})
{
  acknowledged: true,
  insertedId: null,
```

```
  matchedCount: 1,
  modifiedCount: 1,
  upsertedCount: 0
}
test2> db.class.find({name:"小胡"})
[
  {
    _id: ObjectId("658d17d1cdbfb92ea3bb3e17"),
    name: '小胡',
    age: 8,
    score: [ 100, 88, 96, 100 ]
  }
]
```

2. $pull

$pull 用于从数组中删除所有匹配指定值的元素。

【例 6-43】把"小胡"的成绩数组中的 100 删掉。

```
db.class.updateOne({name:"小胡"},{$pull:{score:100}})
```

运行结果如下。

```
test2> db.class.updateOne({name:"小胡"},{$pull:{score:100}})
{
  acknowledged: true,
  insertedId: null,
  matchedCount: 1,
  modifiedCount: 1,
  upsertedCount: 0
}
test2> db.class.find({name:"小胡"})
[
  {
    _id: ObjectId("658d17d1cdbfb92ea3bb3e17"),
    name: '小胡',
    age: 8,
    score: [ 88, 96 ]
  }
]
```

3. $pullAll

$pullAll 用于从数组中删除符合条件的多项元素。

【例 6-44】删除"小名"成绩数组中的 78 和 88 两项。

```
db.class.updateOne({name:"小名"},{$pullAll:{score:[78,88]}})
```

运行结果如下。

```
test2> db.class.updateOne({name:"小名"},{$pullAll:{score:[78,88]}})
```

```
{
  acknowledged: true,
  insertedId: null,
  matchedCount: 1,
  modifiedCount: 1,
  upsertedCount: 0
}
test2> db.class.find({name:"小名"})
[
  {
    _id: ObjectId("658d17bacdbfb92ea3bb3e16"),
    name: '小名',
    age: 9,
    score: []
  }
]
```

4. $each

$each 可以对多个指定值进行逐一操作，通常与$addToSet 或$push 一起使用，用于向数组中添加多个元素。

【例 6-45】给"小名"的成绩数组中添加 60 和 70 两项。

```
db.class.updateOne({name:"小名"},{$push:{score:{$each:[60,70]}}})
```

运行结果如下。

```
test2> db.class.updateOne({name:"小名"},{$push:{score:{$each:[60,70]}}})
{
  acknowledged: true,
  insertedId: null,
  matchedCount: 1,
  modifiedCount: 1,
  upsertedCount: 0
}
test2> db.class.find({name:"小名"})
[
  {
    _id: ObjectId("658d17bacdbfb92ea3bb3e16"),
    name: '小名',
    age: 9,
    score: [ 60, 70 ]
  }
]
```

5. $position

$position 用于指定位置，通常与$push 结合使用，以指定新元素在数组中的位置。

【例 6-46】配合$each 使用，将以下数据插入指定位置。

```
db.class.updateOne({name:"小红"},{$push:{score:{$each:[100],$position:2}}})
```

运行结果如下。

```
test2> db.class.updateOne({name:"小红"},{$push:{score:{$each:[100],
$position:2}}})
{
  acknowledged: true,
  insertedId: null,
  matchedCount: 1,
  modifiedCount: 1,
  upsertedCount: 0
}
test2> db.class.find({name:"小红"})
[
  {
    _id: ObjectId("658d17a0cdbfb92ea3bb3e15"),
    name: '小红',
    age: 9,
    score: [ 99, 95, 100, 96 ]
  }
]
```

6．$addToSet

$addToSet 用于向数组字段添加一个值或多个值，但仅当这些值在数组中不存在时才会添加。

【例 6-47】如果姓名为"小红"的成绩数组中没有 88，则添加 88。

```
db.class.update({name:"小红"},{$addToSet:{score:88}})
```

运行结果如下。

```
test2> db.class.update({name:"小红"},{$addToSet:{score:88}})
{
  acknowledged: true,
  insertedId: null,
  matchedCount: 1,
  modifiedCount: 1,
  upsertedCount: 0
}
test2> db.class.find({name:"小红"})
[
  {
    _id: ObjectId("658d17a0cdbfb92ea3bb3e15"),
    name: '小红',
    age: 9,
    score: [ 99, 95, 100, 96, 88 ]
  }
]
```

6.5 删除数据

在 MongoDB 中，通过合理使用删除功能，可以保持数据库的简洁、高效和合规，为业务决策提供准确、可靠的数据支持。通过 deleteOne()、deleteMany()等函数可以删除满足特定条件的文档，这些方法允许我们根据查询条件来精确选择需要删除的文档，从而避免误删或漏删的情况。删除数据的基本语法如下。

```
db.集合名.deleteOne(条件,[是否删除一条])
```

- 是否删除一条：默认为 false，表示否，即删除多条数据，需搭配 deleteMany()函数使用；若为 true，表示是，即删除一条数据。

【例 6-48】在 c3 中使用 deleteOne()函数删除一条数据，deleteMany()函数删除一条和多条数据。

```
test2> db.c3.deleteOne({},true)              #删除一条
{ acknowledged: true, deletedCount: 1 }
test2> db.c3.deleteOne({},false)             #删除一条
{ acknowledged: true, deletedCount: 1 }
test2> db.c3.deleteMany({},true)             #删除一条
{ acknowledged: true, deletedCount: 1 }
test2> db.c3.deleteMany({},false)            #删除多条
{ acknowledged: true, deletedCount: 10 }
```

查询中的运算符，在删除中同样适用。

【例 6-49】删除年龄小于 18 岁的数据。

```
db.class.deleteMany({age:{$lt:18}})
```

运行结果如下。

```
test2> db.class.deleteMany({age:{$lt:18}})
{ acknowledged: true, deletedCount: 6 }
```

【例 6-50】删除年龄不是数字类型的数据。

```
db.class.deleteMany({age:{$not:{$type:1}}})
```

运行结果如下。

```
test2> db.class.deleteMany({age:{$not:{$type:1}}})
{ acknowledged: true, deletedCount: 2 }
```

【例 6-51】删除有性别字段的数据。

```
db.class.deleteMany({sex:{$exists:true}})
```

运行结果如下。

```
test2> db.class.deleteMany({sex:{$exists:true}})
{ acknowledged: true, deletedCount: 1 }
```

【例 6-52】删除第一个匹配到的年龄为 18 岁的文档。

```
db.class.deleteMany({age:18},true)
```

运行结果如下。

```
test2> db.class.deleteMany({age:18},true)
{ acknowledged: true, deletedCount: 1 }
```

【例 6-53】删除一个集合中所有的文档（删除 class 集合中所有的文档）。

```
db.class.deleteMany({})
```

运行结果如下。

```
test2> db.class.deleteMany({})
{ acknowledged: true, deletedCount: 1 }
```

此时文档中就剩 1 条数据了，所以删除数量为 1，class 集合中的所有文档均已被删除。

6.6 时间类型

时间类型在数据库管理中扮演着至关重要的角色，它记录了数据的创建、修改和访问等关键时间信息，为数据的追溯、分析和决策提供了重要的依据。

6.6.1 new Date()函数

使用 new Date()函数可以创建一个表示当前日期和时间的对象。

【例 6-54】在 col 集合中插入书籍数据"Python 入门"，日期和时间为当前时刻。

```
db.col.insertOne({book:"Python 入门",date:new Date()})
```

运行结果如下。

```
test2> db.col.insertOne({book:"Python 入门",date:new Date()})
{
  acknowledged: true,
  insertedId: ObjectId("658d27c4cdbfb92ea3bb3e28")
}
test2> db.col.find()
[
  {
    _id: ObjectId("658d27c4cdbfb92ea3bb3e28"),
    book: 'Python 入门',
    date: ISODate("2023-12-28T07:46:12.591Z")
  }
]
```

6.6.2 ISODate()函数

ISODate()是 MongoDB Shell 特有的一个帮助函数，用于将存储在数据库中的 Date 类型值转换为人类可读的 ISO 8601 日期时间字符串格式。

ISO 8601 是一个国际标准，用于表示日期和时间。它提供了一种无歧义的日期和时间格式，使得在全球范围内的日期和时间转换变得容易。ISO 8601 格式通常类似于 YYYY-MM-DDTHH:mm:ss.sssZ，其中 T 是日期和时间之间的分隔符，Z 表示 UTC 时间（协调世界时）。

1. 生成当前日期和时间

如果函数内不加参数，则生成当前日期和时间。

【例 6-55】在 col 集合中插入书籍"Python 进阶"，日期和时间为当前时刻。

```
db.col.insertOne({book:"Python 进阶",date:ISODate()})
```

运行结果如下。

```
test2> db.col.insertOne({book:"Python 进阶",date:ISODate()})
{
  acknowledged: true,
  insertedId: ObjectId("658d2812cdbfb92ea3bb3e29")
}
test2> db.col.find()
[
  {
    _id: ObjectId("658d27c4cdbfb92ea3bb3e28"),
    book: 'Python 入门',
    date: ISODate("2023-12-28T07:46:12.591Z")
  },
  {
    _id: ObjectId("658d2812cdbfb92ea3bb3e29"),
    book: 'Python 进阶',
    date: ISODate("2023-12-28T07:47:30.918Z")
  }
]
```

2. 生成指定日期和时间

ISODate()函数可以生成指定日期和时间的数据，指定格式参数为"2018-01-01 12:12:12""20180101 12:12:12"或"20180101"。

【例 6-56】在 col 集合中插入书籍"Python 与 MongoDB"，日期和时间指定为 2018 年 12 月 12 日 12 时 12 分 12 秒。

```
db.col.insertOne({book:"Python 与 MongoDB",date:ISODate("2018-12-12 12:12:12")})
```

运行结果如下。

```
test2> db.col.insertOne({book:"Python 与 MongoDB",date:ISODate("2018-12-12 12:12:12")})
{
  acknowledged: true,
  insertedId: ObjectId("658d2894cdbfb92ea3bb3e2b")
}
test2> db.col.find()
```

```
[
  {
    _id: ObjectId("658d27c4cdbfb92ea3bb3e28"),
    book: 'Python 入门',
    date: ISODate("2023-12-28T07:46:12.591Z")
  },
  {
    _id: ObjectId("658d2812cdbfb92ea3bb3e29"),
    book: 'Python 进阶',
    date: ISODate("2023-12-28T07:47:30.918Z")
  },
  {
    _id: ObjectId("658d2894cdbfb92ea3bb3e2b"),
    book: 'Python 与 MongoDB',
    date: ISODate("2018-12-12T12:12:12.000Z")
  }
]
```

6.6.3 Date()函数

Date()函数用于获取计算机时间生成的时间格式字符串。

【例 6-57】在 col 集合中插入书籍数据"Python 精通",日期和时间为当前时刻。

```
db.col.insertOne({book:"Python 精通",date:Date()})
```

运行结果如下。

```
test2> db.col.insertOne({book:"Python 精通",date:Date()})
{
  acknowledged: true,
  insertedId: ObjectId("658d2849cdbfb92ea3bb3e2a")
}
test2> db.col.find()
[
  {
    _id: ObjectId("658d27c4cdbfb92ea3bb3e28"),
    book: 'Python 入门',
    date: ISODate("2023-12-28T07:46:12.591Z")
  },
  {
    _id: ObjectId("658d2812cdbfb92ea3bb3e29"),
    book: 'Python 进阶',
    date: ISODate("2023-12-28T07:47:30.918Z")
  },
  {
    _id: ObjectId("658d2894cdbfb92ea3bb3e2b"),
    book: 'Python 与 MongoDB',
    date: ISODate("2018-12-12T12:12:12.000Z")
```

```
  },
  {
    _id: ObjectId("658d2849cdbfb92ea3bb3e2a"),
    book: 'Python 精通',
    date: 'Thu Dec 28 2023 15:48:25 GMT+0800 (中国标准时间)'
  }
]
```

6.6.4 valueOf()方法

valueOf()方法返回一个表示日期和时间的数值,该数值表示从 1970 年 1 月 1 日 00:00:00 UTC 到指定日期和时间经过的毫秒数,不包含任何日期或时间的格式化信息。

【例 6-58】在 col 集合中插入书籍"MongoDB 精通",获取毫秒数。

```
db.col.insertOne({book:"MongoDB 精通",date:ISODate().valueOf()})
```

运行结果如下。

```
test2> db.col.insertOne({book:"MongoDB 精通",date:ISODate().valueOf()})
{
  acknowledged: true,
  insertedId: ObjectId("658d28ddcdbfb92ea3bb3e2c")
}
test2> db.col.find({book:"MongoDB 精通"})
[
  {
    _id: ObjectId("658d28ddcdbfb92ea3bb3e2c"),
    book: 'MongoDB 精通',
    date: 1703749853733
  },
...
]
```

6.7 Null 类型

当某个域存在却没有值时可以设置为 null,它是一个特殊的值,表示字段不存在值或者字段的值被显式设置为 null。这与字段不存在(即该字段在文档中没有被定义)是不同的。

【例 6-59】插入如下数据,其中 date 是没有实际意义的值。

```
db.col.insertOne({book:"MongoDB 进阶",date:null})
```

在查找时可以找到值为 null 或者值不存在的文档。

```
db.col.find({date:null},{_id:0})
```

运行结果如下。

```
test2> db.col.insertOne({book:"MongoDB 进阶",date:null})
{
```

```
  acknowledged: true,
  insertedId: ObjectId("658d2959cdbfb92ea3bb3e2d")
}
test2> db.col.find({date:null},{_id:0})
[ { book: 'MongoDB 进阶', date: null } ]
```

6.8 项目实践：增删改查综合练习

在本实践中，我们将通过一系列的练习来巩固和应用 MongoDB 的增删改查操作。我们将从创建数据开始，学习如何向 MongoDB 中插入新的文档；接着，我们将学习如何读取数据，包括基本查询和高级查询技巧；其次，我们将探讨如何更新数据，包括修改文档的字段和值；最后，我们将学习如何删除数据，包括删除单个文档和批量删除多个文档。

（1）创建数据库 test（如果不存在），并切换到该数据库。

```
use test
```

（2）创建名为"students"的集合。

```
db.createCollection("students")
show collections
```

运行结果如下。

```
test> db.createCollection("students")
{ ok: 1 }
test> show collections
book2
books_favCount
bookshop
students
```

（3）向集合中插入文档。

① 插入单个文档。

```
db.students.insertOne({ name: "孙悟空", age: 20 })
```

② 批量插入多个文档。

```
var students = [
  { name: "唐僧", age: 25 },
  { name: "白龙马", age: 22 }
];
db.students.insertMany(students);
```

运行结果如下。

```
test> db.students.insertOne({ name: "孙悟空", age: 20 })
{
  acknowledged: true,
}
test> var students = [
```

```
    { name: "唐僧", age: 25 },
    { name: "白龙马", age: 22 }
];
test> db.students.insertMany(students);
{
  acknowledged: true,
  insertedIds: {
    '0': ObjectId("65e09600ac34569d30e7a5c0"),
    '1': ObjectId("65e09600ac34569d30e7a5c1")
  }
}
```

（4）查询集合中的文档。

① 查询全部文档。

```
db.students.find()
```

运行结果如下。

```
test> db.students.find()
[
  { _id: ObjectId("65e095e4ac34569d30e7a5bf"), name: '孙悟空', age: 20 },
  { _id: ObjectId("65e09600ac34569d30e7a5c0"), name: '唐僧', age: 25 },
  { _id: ObjectId("65e09600ac34569d30e7a5c1"), name: '白龙马', age: 22 }
]
```

② 根据条件查询文档。

```
db.students.find({ age: 20 })
```

运行结果如下。

```
test> db.students.find({ age: 20 })
[ { _id: ObjectId("65e095e4ac34569d30e7a5bf"), name: '孙悟空', age: 20 } ]
```

（5）更新集合中的文档。

修改符合姓名为"孙悟空"的第一个文档的年龄为 21 岁。

```
db.students.updateOne({ name: "孙悟空" }, { $set: { age: 21 }})
```

运行结果如下。

```
test> db.students.updateOne({ name: "孙悟空" }, { $set: { age: 21 }})
{
  acknowledged: true,
  insertedId: null,
  matchedCount: 1,
  modifiedCount: 1,
  upsertedCount: 0
}
```

（6）删除集合中的文档。

① 删除符合姓名为"唐僧"的第一个文档。

```
db.students.deleteOne({ name: "唐僧" })
```

运行结果如下。

```
test> db.students.deleteOne({ name: "唐僧" })
{ acknowledged: true, deletedCount: 1 }
```

② 删除符合年龄为 21 岁的所有文档。

```
db.students.deleteMany({ age: 21 })
```

运行结果如下。

```
test> db.students.deleteOne({ name: "唐僧" })
{ acknowledged: true, deletedCount: 1 }
```

本章小结

本章主要介绍数据库的增、删、改、查操作，以及相关的函数，这些都是数据库中非常重要的操作。增加数据时根据需求选择 insertOne()或者 insertMany()函数，删除和修改数据同样要注意选择合适的方法，查找数据要注意查找的条件，规则较多，熟练掌握才能查到符合要求的数据。随着代码量越来越多，学生应注意培养认真负责的学习态度及解决问题的能力。

课后习题

1．增加一条数据的函数是（　　）。
A．insert()　　　　B．insertOne()　　C．delete()　　　　D．drop()
2．删除一条数据的函数是（　　）。
A．deleteOne()　　B．find()　　　　　C．remove()　　　　D．null()
3．查询数据的关键函数是（　　）。
A．insertMany()　　B．Date()　　　　　C．find()　　　　　D．update()
4．修改多条数据的关键函数是（　　）。
A．insertMany()　　B．Date()　　　　　C．find()　　　　　D．updateMany()
5．如果某个域存在却没有值可以设置为（　　）。
A．null　　　　　　B．find　　　　　　C．remove　　　　　D．空

项目实训

根据 grade 数据库中 class 集合的数据，进行 1～10 的操作，具体如下。

```
test> use grade
switched to db grade
grade> db.class.find({},{_id:0})
[
```

```
{ name: '张三', age: 10, sex: 'm', hobby: [ 'basktball', 'football' ] },
{ name: '李四', age: 9, sex: 'm', hobby: [ 'draw', 'football' ] },
{ name: '小红', age: 9, sex: 'f', hobby: [ 'draw', 'sing' ] },
{ name: '小明', age: 9, sex: 'f', hobby: [ 'draw', 'computer ' ] },
{ name: '小王', age: 12, sex: 'f', hobby: [ 'draw', 'dance ' ] },
{ name: '小李', age: 12, sex: 'm', hobby: [ 'sing', 'football ' ] }
]
```

1. 查看班级所有人的信息。
2. 查看年龄大于 10 岁的学生信息。
3. 查看年龄在 8~11 岁范围内的学生信息。
4. 查看年龄为 9 岁且为男生的学生信息。
5. 查看年龄小于 7 岁或者大于 11 岁的学生信息。
6. 将小红的年龄改为 8 岁，兴趣爱好改为跳舞和画画。
7. 增加小明的兴趣爱好为唱歌。
8. 增加小王的兴趣爱好为吹牛、打篮球。
9. 增加小李的兴趣爱好为跑步、唱歌，但是要确保不和之前的重复。
10. 将该班级所有学生的年龄增加 1 岁。

第 7 章 索引

◎ 学习导读

索引在我们的生活中扮演着重要的角色,根据索引,人们可以快速地定位到所需的信息或物品,从而提高生活和工作的效率。在图书馆中,书籍的目录和索引帮助读者快速找到所需的章节和信息,而无须翻阅整本书籍;传统的电话簿会按照姓氏或字母顺序排列,这样用户可以更快地找到某个人的电话号码;超市的商品按照类别和品牌进行排列和标识,这样顾客可以迅速找到他们需要的商品;地图上的索引帮助用户快速定位到特定的地点或区域;网站的导航菜单和搜索功能都可以看作索引的一种形式,它们帮助用户快速找到网站上的内容。生活中的索引与数据库或搜索引擎中的索引概念相似,其核心作用都是提高检索效率。

◎ 知识目标

熟练掌握索引的概念与作用
熟练掌握索引的创建与删除
理解索引的分析过程
了解索引的分类

◎ 素养目标

培养使用索引搜索的能力

7.1 数据库中的索引

索引是一种特殊的数据结构,它以易于遍历的形式存储了数据的部分内容(如一个特定的字段或一组字段值)。索引会按一定规则对存储值进行排序,并且索引的存储位置在内存中,因此从索引中检索数据会非常快。如果没有索引,MongoDB 在检索数据时就必须扫描集合中的每一个文档,这种扫描的效率非常低,尤其是在数据量较大时。

例如,在数据库中有数据 1~7,从中找到需要的数字。

(1) 没有索引时,从左到右依次查找,直到找到为止,复杂度为 O(n),如表 7-1 所示。

表 7-1 从左到右查找数据

1	2	3	4	5	6	7

（2）有索引时，可以按照如图 7-1 所示的索引树进行高效查询。

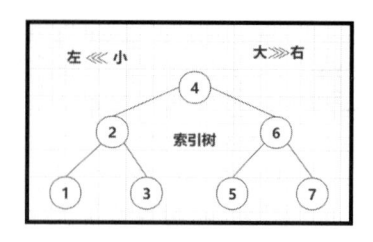

图 7-1　索引树

7.2　索引的优缺点

索引的优点主要体现在以下 3 个方面。

（1）提高检索速度：通过创建索引，可以加快数据的检索速度。索引可以使数据库系统迅速定位到所需的数据，从而提高查询效率。

（2）优化分组和排序：在使用分组和排序子句进行检索时，索引同样可以减少查询中分组和排序的时间，提高查询性能。

（3）使用优化隐藏器：通过索引，数据库系统可以在查询过程中使用优化隐藏器，进一步提高系统的性能。

索引也存在一些缺点，主要体现在以下 4 个方面。

（1）增加创建和维护成本：创建索引及后续的维护（如更新、删除等）都需要耗费一定的时间和计算资源。特别是随着数据量的增加，这种成本也会相应增加。

（2）占用物理空间：索引本身需要占用一定的存储空间。除了数据表占用的空间，每个索引还会占用一定的物理空间。如果建立的是聚簇索引，那么所需的空间会更大。

（3）降低数据维护速度：当对表中的数据进行增加、删除和修改时，索引也需要动态地进行维护，这可能会降低数据的维护速度。

（4）不适用所有情况：并非所有的列都适合创建索引。如果给不适合创建索引的列创建了索引，不仅不会提高性能，还会造成资源的浪费。

根据以上对索引优缺点的描述，不难发现，索引在提高数据库查询性能方面具有显著优势，但也需要考虑到其创建和维护的成本，以及对数据维护速度的影响。因此，在决定是否创建索引时，需要根据具体的业务需求和数据特点进行权衡。

7.3　索引的相关操作

索引对于提高查询性能至关重要，因为它可以加快数据检索速度，减少数据库的负担。在创建索引时，需要权衡索引带来的性能提升和存储与维护索引的成本。同时，随着数据的变化，可能需要定期审查和优化索引策略，以确保其仍然有效并适应当前的查询模式。

7.3.1 创建索引

可以使用 createIndex()函数为一个或多个字段创建索引，语法如下。

```
db.集合名.createIndex(待创建索引的字段,[额外选项])
```

- 待创建索引的字段：{键:1,…,键:-1}，其中 1 表示升序，-1 表示降序。例如，{age:1} 表示创建 age 索引并按照升序的方式存储。
- 额外选项：设置索引的名称或者唯一索引等。

【例 7-1】给 name 添加普通索引。

（1）数据准备，向数据库中新增 10 万条数据（数据较多，运行时稍微等待）。

```
use test
for(var i=0;i<100000;i++){
db.c1.insertOne({'name':'a'+i,'age':i})
}
```

（2）使用创建语句，代码如下。

```
db.c1.createIndex({name:1})
```

（3）通过 db.c1.getIndexes()方法来查看索引，运行结果如下，索引的名称为"name_1"。

```
test> db.c1.getIndexes()
[ { v: 2, key: { _id: 1 }, name: '_id_' } ]
test> db.c1.createIndex({name:1})
name_1
test> db.c1.getIndexes()
[
 { v: 2, key: { _id: 1 }, name: '_id_' },
 { v: 2, key: { name: 1 }, name: 'name_1' }
]
test>
```

7.3.2 删除索引

如果发现不再需要某个索引，或者想要优化索引以提高性能，可以删除不再使用的索引。删除索引可以释放存储空间并提高写入操作的性能，因为每次插入、更新或删除文档时，MongoDB 都不再需要更新这些被删除的索引。要删除索引可以使用 dropIndex()或 dropIndexes()函数，但是无论哪种函数都不会删除_id 的索引。语法如下。

```
# 删除全部索引
db.集合名.dropIndexes()
# 删除指定索引
db.集合名.dropIndex("索引名")
# 查看索引
db.集合名.getIndexes()。
```

【例 7-2】删除 name 索引"name_1"。

```
db.c1.dropIndex("name_1")
```

运行结果如下。

```
test> db.c1.dropIndex("name_1")
{ nIndexesWas: 2, ok: 1 }
test> db.c1.getIndexes()
[ { v: 2, key: { _id: 1 }, name: '_id' } ]
test>
```

【例 7-3】 给 name 创建索引并命名。

```
db.c1.createIndex({name:1},{name:"name_2"})
```

运行结果如下，索引名字是我们设定的 name_2。

```
test> db.c1.createIndex({name:1},{name:"name_2"})
name_2
test> db.c1.getIndexes()
[
 { v: 2, key: { _id: 1 }, name: '_id' },
 { v: 2, key: { name: 1 }, name: 'name_2' }
]
test>
```

7.4 其他索引

除了单独创建一个字段索引，还有其他种类的索引，比如复合索引、唯一索引、稀疏索引和分析索引等，用于满足不同的需求。

7.4.1 复合索引

复合索引是对多个字段创建索引的索引类型。它允许数据库按照多个字段的顺序进行排序和查询，这对于那些经常需要同时根据多个字段进行查询和排序的场景非常有用。创建复合索引时，需要指定一个包含多个字段的索引键，以及每个字段的排序方向（升序或降序），语法如下。

```
db.集合名.createIndex({键1:方式,键2:方式})
```

【例 7-4】 给姓名（name）和年龄（age）添加复合索引。

```
db.c1.createIndex({name:1,age:1})
```

运行结果如下。

```
test> db.c1.createIndex({name:1,age:1})
name_1_age_1
test> db.c1.getIndexes()
[
 { v: 2, key: { _id: 1 }, name: '_id' },
 { v: 2, key: { name: 1 }, name: 'name_2' },
 { v: 2, key: { name: 1, age: 1 }, name: 'name_1_age_1' }
```

```
]
test>
```

7.4.2 唯一索引

唯一索引用于确保索引字段的值是唯一的,即不存储重复值。如果插入的值与唯一索引标注的字段的值重复,MongoDB 将返回一个错误。因此,在创建唯一索引之前,应确保数据集中不存在重复的值,语法如下。

db.集合名.createIndex(待添加索引的字段,{unique:true})

【例 7-5】给姓名字段设置唯一索引。

先删除全部索引。注意,系统默认 ID 不会被删除。

db.c1.dropIndexes()

创建唯一索引。

db.c1.createIndex({name:1},{unique:true})

运行结果如下。

```
test> db.c1.createIndex({name:1},{unique:true})
name_1
test> db.c1.getIndexes()
[
 { v: 2, key: { _id: 1 }, name: '_id_' },
 { v: 2, key: { name: 1 }, name: 'name_1', unique: true }
]
test>
```

当某个域被创建唯一索引时,该域不能再插入重复数据。例如,查找已有 name 为 a0 的数据,再次插入 name 为 a0 的数据时会报错,代码如下。

```
test> db.c1.find({name:"a0"})
[ { _id: ObjectId("658cdb312baf12493ecc7b5e"), name: 'a0', age: 0 } ]
test> db.c1.insertOne({name:"a0"})
MongoServerError: E11000 duplicate key error collection: test.c1 index:
name_1 dup key: { name: "a0" }
test>
```

7.4.3 稀疏索引

稀疏索引的主要特点是只包含那些具有索引字段的文档的条目,即使索引字段包含一个空值。简单来说,稀疏索引会跳过那些索引键不存在的文档,因此它并非包含所有的文档,只针对有指定域的文档创建索引表,如果某个文档没有该域,则不会插入索引表中,语法如下。

db.集合名.ensureIndex(待添加索引的字段,{sparse:true})

【例 7-6】给年龄创建稀疏索引。

db.c1.ensureIndex({age:1},{sparse:true})

运行结果如下。

```
test> db.c1.ensureIndex({age:1},{sparse:true})
[ 'age_1' ]
test> db.c1.getIndexes()
[
 { v: 2, key: { _id: 1 }, name: '_id_' },
 { v: 2, key: { name: 1 }, name: 'name_1', unique: true },
 { v: 2, key: { age: 1 }, name: 'age_1', sparse: true }
]
```

7.4.4 分析索引

分析索引用于确定索引的使用情况，利用 explain()函数，可以很好地观察系统是如何使用索引来加快检索的，同时可以做针对性的性能优化，语法如下。

```
db.集合名.find().explain('executionStats')
```

【例 7-7】对比年龄添加索引情况。

（1）测试年龄未添加索引情况，代码如下。

```
db.c1.find({age:18}).explain('executionStats')
```

运行结果如下。

```
test> db.c1.find({age:18}).explain('executionStats')
...
executionStats: {                     # 执行计划相关统计信息
    executionSuccess: true,           # 执行成功的状态
    nReturned: 1,                     # 返回结果集数目
    executionTimeMillis: 34,          # 执行所需要的毫秒数
    totalKeysExamined: 0,             # 索引检查的时间
    totalDocsExamined: 100000,        # 检查文档总数
...
}
```

（2）测试年龄添加索引情况，代码如下。

```
db.c1.createIndex({age:1})
```

运行结果如下。

```
db.c1.find({age:18}).explain('executionStats')
test> db.c1.createIndex({age:1})
age_1
test> db.c1.find({age:180}).explain('executionStats')
...
executionStats: {
    executionSuccess: true,
    nReturned: 1,
    executionTimeMillis: 7,           # 执行所需要的毫秒数
    totalKeysExamined: 1,
```

```
    totalDocsExamined: 1,         # 检查文档总数
  ...
}
```

（3）通过运行结果对比，可以清楚地看到，有索引时搜索速度更快。如果想要选择合适的列创建索引，则应当遵循以下条件：为常用条件、排序、分组的字段建立索引，为较小的数据列建立唯一索引，为较长的字符串建立前缀索引。

7.5 项目实践：使用 bookshop 数据练习索引操作

数据示例如下。

```
test> db.bookshop.find()
[
  {
    _id: '185.3.16',
    book: {
      callnum: '185.3.16',
      isbn: '1-292-06118-9',
      title: 'Database Systems',
      authors: [
        { fname: 'Thomas', lname: 'Connolly' },
        { fname: 'Carolyn', lname: 'Begg' }
      ],
      publisher: 'Person PtyLtd'
      year: 2015,
      price: 136.99,
      topic: 'Computer Science',
      description: 'This is the 6th edition. You can register online to access the examples',
      keywords: [ 'Database', 'XML', 'Distributed' ]
    }
  },  ...]
```

查询要求如下。

（1）查找具有给定书名的书籍的标题、出版商、出版年份和价格。

（2）查找具有给定作者姓名的书籍的标题、出版商、出版年份和价格。

（3）使用给定的关键字查找书籍的标题、出版商、出版年份和价格。

（4）查找给定年份的书籍的标题、出版商、出版年份和价格。

相关索引操作如下。

（1）使用 getIndexes()列出所有现有的索引，如 db.collection.getIndexes()。

（2）应用一个 explain()来验证系统是否计划使用我们创建的索引来查询。

（3）使用 dropIndex()删除步骤（1）中创建的索引。

1. 查找具有给定书名的书籍的标题、出版商、出版年份和价格

根据要求，需要先给书名添加索引，然后查询书名为"Database Systems"的书籍的标题、出版商、出版年份和价格。

（1）创建索引。

```
db.bookshop.createIndex( {"book.title": 1},{"unique": false} )
```

运行结果如下。

```
test> db.bookshop.createIndex( {"book.title": 1},{"unique": false} )
book.title_1
```

（2）查看索引。

```
db.bookshop.getIndexes()
```

运行结果如下。

```
test> db.bookshop.getIndexes()
[
  { v: 2, key: { _id: 1 }, name: '_id_' },
  { v: 2, key: { 'book.title': 1 }, name: 'book.title_1' }
]
```

_id 是原来就有的索引，title_1 是创建的索引

（3）使用索引按条件查询。

```
db.bookshop.find({"book.title":"Database Systems"},{"_id":0,"book.title":1,
"book.publisher":1,"book.year":1,"book.price":1}).explain("executionStats")
```

运行结果如下，主要观察 executionStats 部分。

```
executionStats: {
    executionSuccess: true,
    nReturned: 1,
    executionTimeMillis: 1,
    totalKeysExamined: 1,
    totalDocsExamined: 1,
    executionStages: {
      stage: 'project',
      planNodeId: 3,
      nReturned: 1,
      executionTimeMillisEstimate: 0,
      opens: 1,
      closes: 1,
      saveState: 0,
      restoreState: 0,
      isEOF: 1,
      projections: {
        '    if isObject(l1.0) \n' +
        '    then makeBsonObj(MakeObjSpec(keep, [], ["book"]), l1.0,
traverseP(getField(l1.0, "book"), lambda(l2.0) { \n' +
```

```
'       if isObject(12.0) \n' +
'       then makeBsonObj(MakeObjSpec(keep, ["title", "publisher", "year", "price"], []), 12.0) \n' +
'       else Nothing \n' +
'     }, Nothing)) \n' +
'    else Nothing \n' +
'}, Nothing) '
  }, ...
}
```

添加索引后 totalDocsExamined 只有 1，表明查询速度非常快，也可在没有创建索引的时候执行此查询，对比更加明显。

（4）删除索引。

```
db.bookshop.dropIndex("book.title_1")
```

运行结果如下。

```
test>db.bookshop.dropIndex("book.title_1")
{ nIndexesWas: 2, ok: 1 }
```

索引删除成功。

2．查找具有给定作者姓名的书籍的标题、出版商、出版年份和价格

根据要求，需要先给作者姓名添加索引，但是作者有 fname 和 lname，所以需要添加两个，再查询作者姓名为"Horstmann Cornell"的书籍的标题、出版商、出版年份和价格，对比没有索引时查询的速度。

（1）创建索引。

```
db.bookshop.createIndex( {"book.authors.fname": 1, "book.authors.lname":1},
{"unique": false} )
```

运行结果如下。

```
test>db.bookshop.createIndex( {"book.authors.fname": 1, "book.authors.
lname":1},{"unique": false} )
book.authors.fname_1_book.authors.lname_1
```

（2）查看索引。

```
db.bookshop.getIndexes()
```

运行结果如下。

```
test> db.bookshop.getIndexes()
[
  { v: 2, key: { _id: 1 }, name: '_id_' },
  {
    v: 2,
    key: { 'book.authors.fname': 1, 'book.authors.lname': 1 },
    name: 'book.authors.fname_1_book.authors.lname_1'
  }
]
```

可以看到索引有两个，创建成功。

（3）使用索引按条件查询。

```
db.bookshop.find({"book.authors.fname":"Horstmann","book.authors.lname":"Cornell"},{"_id":0,"book.title":1,"book.publisher":1,"book.year":1,"book.price":1}).explain("executionStats")
```

运行结果如下，同理观察 executionStats 部分即可。

```
executionStats: {
  executionSuccess: true,
  nReturned: 1,
  executionTimeMillis: 73,
  totalKeysExamined: 1,
  totalDocsExamined: 1,
  executionStages: {
    stage: 'project',
    planNodeId: 3,
    nReturned: 1,
    executionTimeMillisEstimate: 59,
    opens: 1,
    closes: 1,
    saveState: 1,
    restoreState: 1,
    isEOF: 1,
    projections: {
      '15': 'traverseP(s11, lambda(17.0) { \n' +
        '    if isObject(17.0) \n' +
        '    then makeBsonObj(MakeObjSpec(keep, [], ["book"]), 17.0, traverseP(getField(17.0, "book"), lambda(15.0) { \n' +
        '        if isObject(15.0) \n' +
        '        then makeBsonObj(MakeObjSpec(keep, ["title", "publisher", "year", "price"], []), 15.0) \n' +
        '        else Nothing \n' +
        '    }, Nothing)) \n' +
        '    else Nothing \n' +
        '}, Nothing) '
    },
    ...
  }
```

（4）删除索引。

```
db.bookshop.dropIndex("book.authors.fname_1_book.authors.lname_1")
```

运行结果如下。

```
test> db.bookshop.dropIndex("book.authors.fname_1_book.authors.lname_1")
{ nIndexesWas: 2, ok: 1 }
```

删除成功。

3. 使用给定的关键字查找书籍的标题、出版商、出版年份和价格

此题目比较简单，先给关键字添加索引，再查询关键字为"Database"的书籍的标题、出版商、出版年份和价格，对比没有索引时查询的速度。

（1）创建索引。

```
db.bookshop.createIndex( {"book.keywords": 1},{"unique": false, "sparse": true} )
```

运行结果如下。

```
test>db.bookshop.createIndex( {"book.keywords": 1},{"unique": false, "sparse":true} )
book.keywords_1
```

（2）查看索引。

```
db.bookshop.getIndexes()
```

运行结果如下。

```
test> db.bookshop.getIndexes()
[
  { v: 2, key: { _id: 1 }, name: '_id_' },
  {
    v: 2,
    key: { 'book.keywords': 1 },
    name: 'book.keywords_1',
    sparse: true
  }
]
```

（3）使用索引按条件查询。

```
db.bookshop.find({"book.keywords":"Database"},{"_id":0,"book.title":1,"book.publisher":1,"book.year":1,"book.price":1}).explain("executionStats")
```

运行结果如下，观察 executionStats 部分即可。

```
executionStats: {
  executionSuccess: true,
  nReturned: 1,
  executionTimeMillis: 7,
  totalKeysExamined: 1,
  totalDocsExamined: 1,
  executionStages: {
    stage: 'project',
    planNodeId: 3,
    nReturned: 1,
    executionTimeMillisEstimate: 0,
    opens: 1,
    closes: 1,
    saveState: 0,
```

```
      restoreState: 0,
      isEOF: 1,
      projections: {
        '13': 'traverseP(s11, lambda(l1.0) { \n' +
          '         if isObject(l1.0) \n' +
          '         then makeBsonObj(MakeObjSpec(keep, [], ["book"]), l1.0, traverseP(getField(l1.0, "book"), lambda(l2.0) { \n' +
          '             if isObject(l2.0) \n' +
          '             then makeBsonObj(MakeObjSpec(keep, ["title", "publisher", "year", "price"], []), l2.0) \n' +
          '             else Nothing \n' +
          '         }, Nothing)) \n' +
          '         else Nothing \n' +
          '}, Nothing) '
      },
    ...
  }
```

（4）删除索引。

```
db.bookshop.dropIndex("book.keywords_1")
```

运行结果如下。

```
test> db.bookshop.dropIndex("book.keywords_1")
{ nIndexesWas: 2, ok: 1 }
```

删除成功。

4. 查找给定年份的书籍的标题、出版商、出版年份和价格

根据题目要求，先给年份添加索引，再查询指定年份的书籍标题、出版商、出版年份和价格，对比没有索引时查询的速度。

（1）创建索引。

```
db.bookshop.createIndex( {"book.year": 1},{"unique": false} )
```

运行结果如下。

```
test> db.bookshop.createIndex( {"book.year": 1},{"unique": false} )
book.year_1
```

（2）查看索引。

```
db.bookshop.getIndexes()
```

运行结果如下。

```
test> db.bookshop.getIndexes()
[
  { v: 2, key: { _id: 1 }, name: '_id_' },
  { v: 2, key: { 'book.year': 1 }, name: 'book.year_1' }
]
```

（3）使用索引按条件查询。

```
db.bookshop.find({"book.year":2015},{"_id":0,"book.title":1,"book.publisher":1,"book.year":1,"book.price":1}).explain("executionStats")
```

运行结果如下，观察 executionStats 部分即可。

```
executionStats: {
  executionSuccess: true,
  nReturned: 1,
  executionTimeMillis: 9,
  totalKeysExamined: 1,
  totalDocsExamined: 1,
  executionStages: {
    stage: 'project',
    planNodeId: 3,
    nReturned: 1,
    executionTimeMillisEstimate: 2,
    opens: 1,
    closes: 1,
    saveState: 0,
    restoreState: 0,
    isEOF: 1,
      '13': 'traverseP(s11, lambda(l1.0) { \n' +
      '    if isObject(l1.0) \n' +
      '    then makeBsonObj(MakeObjSpec(keep, [], ["book"]), l1.0, traverseP(getField(l1.0, "book"), lambda(l2.0) { \n' +
      '        if isObject(l2.0) \n' +
      '        then makeBsonObj(MakeObjSpec(keep, ["title", "publisher", "year", "price"], []), l2.0) \n' +
      '        else Nothing \n' +
      '    }, Nothing)) \n' +
      '    else Nothing \n' +
      '}, Nothing) '
  }, ...
  }
```

（4）删除索引。

```
db.bookshop.dropIndex("book.year_1")
```

运行结果如下。

```
test>db.bookshop.dropIndex("book.year_1")
{ nIndexesWas: 2, ok: 1 }
```

删除成功。

本章小结

本章主要介绍 MongoDB 数据库的索引操作，createIndex()函数用于创建索引，dropIndex()函数用于删除索引，dropIndexes()函数用于删除所有索引，getIndexes()函数用于查看所有索引。创建索引是为了快速查找数据，但不是所有的情况都适合创建索引。在数据量比较大时更适合创建索引，数据量较小时没有必要付出创建索引的代价；如果需要频繁进行查找操作而不是更新、删除、插入操作，那么更适合使用索引。在学习的过程中，学生要培养使用索引搜索的能力。

课后习题

1. 创建索引的函数是（　　）
   A. drop()　　　　　　　　　　B. create()
   C. createIndex()　　　　　　　D. createIndexes()
2. 删除索引的函数是（　　）
   A. createIndex()　　　　　　　B. dropIndex()
   C. getIndexes()　　　　　　　　D. ensureIndex()
3. 稀疏索引的函数是（　　）
   A. createIndex()　　　　　　　B. dropIndex()
   . getIndexes()　　　　　　　　D. ensureIndex()
4. 唯一索引的关键参数是（　　）
   A. unique　　　B. drop　　　　C. Index　　　D. not
5. 删除所有索引的函数是（　　）
   A. createIndex()　　　　　　　B. dropIndexes()
   C. getIndexes()　　　　　　　　D. ensureIndex()

项目实训

根据 grade 数据库中 class 集合的数据，完成如下操作。

```
test> use grade
switched to db grade
grade> db.class.find({},{_id:0})
[
  { name: '张三', age: 10, sex: 'm', hobby: [ 'basktball', 'football' ] },
  { name: '李四', age: 9, sex: 'm', hobby: [ 'draw', 'football' ] },
  { name: '小红', age: 9, sex: 'f', hobby: [ 'draw', 'sing' ] },
  { name: '小明', age: 9, sex: 'f', hobby: [ 'draw', 'computer' ] },
```

```
{ name: '小王', age: 12, sex: 'f', hobby: [ 'draw', 'dance ' ] },
{ name: '小李', age: 12, sex: 'm', hobby: [ 'sing', 'football ' ] }
```

1. 给数据中的 name 字段添加索引并命名为 sx。
2. 查看所有索引。
3. 删除 sx 索引。

第 8 章　排序与分页

◎ 学习导读

本章介绍如何实现数据的排序与分页，需要多个函数配合使用才能实现效果。排序需要关键函数 sort()，分页需要关键函数 limit() 与 skip() 配合使用。同时，本章还介绍了常用的聚合函数，在统计数据时更方便。

◎ 知识目标

掌握排序函数的使用
掌握多个函数配合使用实现分页
掌握聚合查询

◎ 素养目标

培养计算能力和逻辑思考能力
锻炼独立思考能力

8.1　排序

排序是数据检索过程中的一个关键步骤，它允许用户根据特定的字段或字段组合对查询结果进行有序排列。这种排序要求在执行查询时就可以明确指定，以满足用户的不同需求。

8.1.1　sort() 函数

sort() 函数可以实现数据的排序。在排序时，用户可以选择升序或降序来排列结果。升序排序意味着结果将按照从小到大的顺序进行排列，而降序排序则意味着结果将按照从大到小的顺序进行排列。通过排序，用户可以更方便地浏览和理解查询结果，特别是当结果集较大或需要快速定位到特定数据时。

sort() 函数中的键表示要排序的域或字段；键对应的值表示升序或降序，其中 1 为升序，-1 为降序。

【例 8-1】将 test2 数据库中的 class 集合按照年龄分别进行升序和降序排列。

```
db.class.find({},{_id:0}).sort({age:1})
db.class.find({},{_id:0}).sort({age:-1})
```

运行结果如下。

```
test2> db.class.find({},{_id:0}).sort({age:1})
[
  { name: '小孙', age: 7, score: [ 88, 92, 77 ] },
  { name: '小胡', age: 8, score: [ 100, 88, 96 ] },
  { name: '小亮', age: 8, score: [ 89, 89 ] },
  { name: '小红', age: 9, score: [ 99, 95, 96 ] },
  { name: '小名', age: 9, score: [ 78, 88, 88 ] },
  { name: '小白', age: 16, sex: 'm' },
  { name: 'Davil', age: 18, sex: 'm' },
  { name: '小陈', age: 19 },
  { name: '小王', age: 45, sex: 'm' }
]
test2> db.class.find({},{_id:0}).sort({age:-1})
[
  { name: '小王', age: 45, sex: 'm' },
  { name: '小陈', age: 19 },
  { name: 'Davil', age: 18, sex: 'm' },
  { name: '小白', age: 16, sex: 'm' },
  { name: '小红', age: 9, score: [ 99, 95, 96 ] },
  { name: '小名', age: 9, score: [ 78, 88, 88 ] },
  { name: '小胡', age: 8, score: [ 100, 88, 96 ] },
  { name: '小亮', age: 8, score: [ 89, 89 ] },
  { name: '小孙', age: 7, score: [ 88, 92, 77 ] }
]
```

8.1.2 复合排序

复合排序适用于需要同时考虑多个字段以决定文档顺序的场景。例如，先根据一个字段进行升序排列，然后在该字段值相同的情况下再根据另一个字段进行降序排列；或者在第一排序项相同的情况下，按照第二排序项进行排列，以此类推。

【例 8-2】按照年龄进行升序排列，如果年龄一样，则按照姓名分别进行升序和降序排列。

```
db.class.find({},{_id:0}).sort({age:1,name:1})
db.class.find({},{_id:0}).sort({age:1,name:-1})
```

运行结果如下。

```
test2> db.class.find({},{_id:0}).sort({age:1,name:1})
[
  { name: '小孙', age: 7, score: [ 88, 92, 77 ] },
  { name: '小亮', age: 8, score: [ 89, 89 ] },
  { name: '小胡', age: 8, score: [ 100, 88, 96 ] },
  { name: '小名', age: 9, score: [ 78, 88, 88 ] },
  { name: '小红', age: 9, score: [ 99, 95, 96 ] },
  { name: '小白', age: 16, sex: 'm' },
  { name: 'Davil', age: 18, sex: 'm' },
  { name: '小陈', age: 19 },
  { name: '小王', age: 45, sex: 'm' }
```

```
]
test2> db.class.find({},{_id:0}).sort({age:1,name:-1})
[
  { name: '小孙', age: 7, score: [ 88, 92, 77 ] },
  { name: '小胡', age: 8, score: [ 100, 88, 96 ] },
  { name: '小亮', age: 8, score: [ 89, 89 ] },
  { name: '小红', age: 9, score: [ 99, 95, 96 ] },
  { name: '小名', age: 9, score: [ 78, 88, 88 ] },
  { name: '小白', age: 16, sex: 'm' },
  { name: 'Davil', age: 18, sex: 'm' },
  { name: '小陈', age: 19 },
  { name: '小王', age: 45, sex: 'm' }
]
```

8.2 分页

8.2.1 limit()函数与skip()函数

在实际使用中，limit()函数与skip()函数常一起使用，以实现分页效果。例如，如果用户想获取第2页的数据，每页有10条记录，那么可以先使用skip(10)跳过前10条记录，再使用limit(10)获取接下来的10条记录。下面分别介绍limit()函数和skip()函数的详细使用。

1. limit(n)

limit()函数用于限制查询结果返回的记录条数，它可以接收一个数字参数n，表示显示查询结果的前n条数据。

【例8-3】查看前3条数据。

```
db.class.find({},{_id:0}).limit(3)
```

运行结果如下。

```
test2> db.class.find({},{_id:0}).limit(3)
[
  { name: 'Davil', age: 18, sex: 'm' },
  { name: '小白', age: 16, sex: 'm' },
  { name: '小陈', age: 19 }
]
```

2. 函数的连续调用

当一个函数的返回结果仍然是文档集合的时候可以连续调用函数。

【例8-4】查看年龄最小的3个文档。

```
db.class.find({},{_id:0}).sort({age:1}).limit(3)
```

运行结果如下。

```
test2> db.class.find({},{_id:0}).sort({age:1}).limit(3)
```

```
[
  { name: '小孙', age: 7, score: [ 88, 92, 77 ] },
  { name: '小亮', age: 8, score: [ 89, 89 ] },
  { name: '小胡', age: 8, score: [ 100, 88, 96 ] }
]
```

3. skip(n)

skip()函数用于跳过指定数量的数据记录,它也接收一个数字参数 n,表示跳过前 n 条的记录数,显示剩余记录。参数值为 0 时表示不跳过任何文档。

【例 8-5】 跳过前两条,显示后面的数据。

```
db.class.find({},{_id:0}).skip(2)
```

运行结果如下。

```
test2> db.class.find({},{_id:0}).skip(2)
[
  { name: '小陈', age: 19 },
  { name: '小王', age: 45, sex: 'm' },
  { name: '小红', age: 9, score: [ 99, 95, 96 ] },
  { name: '小名', age: 9, score: [ 78, 88, 88 ] },
  { name: '小胡', age: 8, score: [ 100, 88, 96 ] },
  { name: '小孙', age: 7, score: [ 88, 92, 77 ] },
  { name: '小亮', age: 8, score: [ 89, 89 ] }
]
```

4. 综合使用

sort()函数进行排序,skip()函数跳过指定数量,limit()函数限制查询显示的数量,三者可以综合使用,语法如下。

```
db.集合名.find().sort().skip(数字).limit(数字)
```

【例 8-6】 按年龄降序查询,跳过前 2 条并只显示 1 条数据。

```
db.class.find({},{_id:0}). sort({age:-1}).skip(2).limit(1)
```

运行结果如下。

```
test2> db.class.find({},{_id:0}).sort({age:-1})
[
  { name: '小王', age: 45, sex: 'm' },
  { name: '小陈', age: 19 },
  { name: 'Davil', age: 18, sex: 'm' },
  { name: '小白', age: 16, sex: 'm' },
  { name: '小红', age: 9, score: [ 99, 95, 96 ] },
  { name: '小名', age: 9, score: [ 78, 88, 88 ] },
  { name: '小胡', age: 8, score: [ 100, 88, 96 ] },
  { name: '小亮', age: 8, score: [ 89, 89 ] },
  { name: '小孙', age: 7, score: [ 88, 92, 77 ] }
]
```

```
test2> db.class.find({},{_id:0}).sort({age:-1}).skip(2).limit(1)
[ { name: 'Davil', age: 18, sex: 'm' } ]
test2>
```

8.2.2 分页实践

本实践将综合运用各个函数实现分页效果。

【例 8-7】数据库有 10 条数据，每页显示两条（共 5 页）。

分析：第 1 页显示第 1、2 条数据；第 2 页显示第 3、4 条数据；第 3 页显示第 5、6 条数据，以此类推，如表 8-1 所示。

表 8-1 分页

页数	起始	终止	跳过数
第 1 页	1	2	0
第 2 页	3	4	2
第 3 页	5	6	4
第 4 页	7	8	6
第 5 页	9	10	8

跳过数计算方法：（当前页-1）×每页显示条数（2）。

代码如下。

```
test3> for(var i=1;i<11;i++){db.page.insertOne({_id:i,name:"page"+i})}   # 准备数据
{ acknowledged: true, insertedId: 10 }
test3> db.page.find()
[
  { _id: 1, name: 'page1' },
  { _id: 2, name: 'page2' },
  { _id: 3, name: 'page3' },
  { _id: 4, name: 'page4' },
  { _id: 5, name: 'page5' },
  { _id: 6, name: 'page6' },
  { _id: 7, name: 'page7' },
  { _id: 8, name: 'page8' },
  { _id: 9, name: 'page9' },
  { _id: 10, name: 'page10' }
]
test3> for (var i=0;i<10;i+=2){print(db.page.find().skip(i).limit(2))}   # 分页
[ { _id: 1, name: 'page1' }, { _id: 2, name: 'page2' } ]
[ { _id: 3, name: 'page3' }, { _id: 4, name: 'page4' } ]
[ { _id: 5, name: 'page5' }, { _id: 6, name: 'page6' } ]
[ { _id: 7, name: 'page7' }, { _id: 8, name: 'page8' } ]
[ { _id: 9, name: 'page9' }, { _id: 10, name: 'page10' } ]
```

8.3 聚合查询

聚合查询，顾名思义，就是把数据聚集起来，然后加以统计。聚合查询是 MongoDB 的高级查询语言，主要用于处理数据并返回计算结果。聚合操作将来自多个文档的值组合在一起，按条件分组后，再进行一系列操作（如求和、平均值、最大值、最小值）以返回单个结果。这使得聚合查询能够生成在单个文档里不存在的新的文档信息，语法如下。

```
db.集合名.aggregate([
{管道:{表达式}}
])
```

8.3.1 常用管道

聚合管道（Aggregate Pipeline）是一种强大的工具，用于处理数据并生成符合需求的聚合结果。管道由多个阶段（Stage）组成，每个阶段负责不同的数据处理操作，并将结果传递给下一个阶段。常用的聚合管道阶段包括如下几种。

（1）$group：将集合中的文档分组，用于统计结果。
（2）$match：用于过滤数据，只输出符合条件的文档。
（3）$project：字段投影。
（4）$count：计数。
（5）$sort：对聚合数据进一步排序。
（6）$skip：跳过指定的文档数。
（7）$limit：限制集合数据中返回的文档数量。

8.3.2 常用表达式

MongoDB 中的聚合管道提供了许多常用的表达式，用于在聚合过程中对数据进行处理、计算和转换。以下是一些常用的表达式及其描述。

（1）$sum：表示计算总和（$sum:1 和 count 一样，表示统计个数）。
（2）$avg：表示计算平均值。
（3）$min：表示计算最小值。
（4）$max：表示计算最大值。

8.3.3 聚合管道的使用

聚合管道将前一个聚合操作产生的结果，交给后一个聚合操作继续使用，具体语法如下。

```
db.collection.aggregate({聚合1},{聚合2},{聚合3}...)
```

【例 8-8】统计 c1 集合中男生、女生的总年龄。

```
test3> db.c1.aggregate([{$group:{_id:"$sex",age_s:{$sum:"$age"}}}])
[ { _id: 'M', age_s: 88 }, { _id: 'F', age_s: 45 } ]
```

- _id：固定的，表示按照哪个字段进行分组。
- age_s：自拟名字，统计 age 字段的和。

【例 8-9】统计 c1 集合中男生、女生的总人数。

```
test3> db.c1.aggregate([{$group:{_id:"$sex",age_c:{$sum:1}}}])
[ { _id: 'M', age_c: 3 }, { _id: 'F', age_c: 2 } ]
```

8.4 项目实践：使用聚合操作处理数据

当前项目需要先准备数据，再使用不同的管道、函数处理数据。在 MongoDB Shell 中使用如下代码插入多条数据。

```
var tags = ["nosql","mongodb","document","developer","popular"];
var types = ["technology","sociality","travel","novel","literature"];
var books=[];
for(var i=0;i<50;i++){
    var typeIdx = Math.floor(Math.random()*types.length);
    var tagIdx = Math.floor(Math.random()*tags.length);
    var tagIdx2 = Math.floor(Math.random()*tags.length);
    var favCount = Math.floor(Math.random()*100);
    var username = "xx00"+Math.floor(Math.random()*10);
    var age = 20 + Math.floor(Math.random()*15);
    var book = {
        _id: i+1,
        title: "book-"+i,
        type: types[typeIdx],
        tag: [tags[tagIdx],tags[tagIdx2]],
        favCount: favCount,
        author: {name:username,age:age}
    };
}
db.book2.insertMany(books);
```

插入成功后，查询数据共计 50 条，运行结果如下。

```
test> db.book2.find()
[
  {
    _id: 1,
    title: 'book-0',
    type: 'literature',
    tag: [ 'popular', 'mongodb' ],
    favCount: 20,
    author: { name: 'xx009', age: 20 }
  },
  ...
```

```
{
  _id: 50,
  title: 'book-49',
  type: 'literature',
  tag: [ 'developer', 'mongodb' ],
  favCount: 66,
  author: { name: 'xx000', age: 24 }
},
...]
```

8.4.1 $match 过滤数据

过滤出 type 值为"novel"的数据。

```
db.book2.aggregate([{$match:{type:"novel"}}])
```

运行结果如下。

```
test> db.book2.aggregate([{$match:{type:"novel"}}])
[
  {
    _id: 9,
    title: 'book-8',
    type: 'novel',
    tag: [ 'mongodb', 'developer' ],
    favCount: 0,
    author: { name: 'xx007', age: 21 }
  },
  {
    _id: 11,
    title: 'book-10',
    type: 'novel',
    tag: [ 'developer', 'developer' ],
    favCount: 13,
    author: { name: 'xx004', age: 26 }
  },
  ...
]
```

8.4.2 $project 字段投影

(1) $project 可以将原始字段投影成指定名称。

将集合中的标题投影成姓名。

```
db.book2.aggregate([{$project:{name:"$title"}}])
```

运行结果如下。

```
test> db.book2.aggregate([{$project:{name:"$title"}}])
[
```

```
  { _id: 1, name: 'book-0' },
  { _id: 2, name: 'book-1' },
  { _id: 3, name: 'book-2' },
  { _id: 4, name: 'book-3' },
  { _id: 5, name: 'book-4' },
  { _id: 6, name: 'book-5' },
  { _id: 7, name: 'book-6' },
  { _id: 8, name: 'book-7' },
  { _id: 9, name: 'book-8' },
  { _id: 10, name: 'book-9' },
  { _id: 11, name: 'book-10' },
  { _id: 12, name: 'book-11' },
  { _id: 13, name: 'book-12' },
  { _id: 14, name: 'book-13' },
  { _id: 15, name: 'book-14' },
  { _id: 16, name: 'book-15' },
  { _id: 17, name: 'book-16' },
  { _id: 18, name: 'book-17' },
  { _id: 19, name: 'book-18' },
  { _id: 20, name: 'book-19' }
  ...
]
```

（2）$project 还可以灵活控制输出文档的格式，剔除不需要的字段。

查询集合，只显示 name 和 type 字段。

```
db.book2.aggregate([{$project:{_id:0,name:"$title",type:1}}])
```

运行结果如下。

```
test> db.book2.aggregate([{$project:{_id:0,name:"$title",type:1}}])
[
  { type: 'literature', name: 'book-0' },
  { type: 'sociality', name: 'book-1' },
  { type: 'literature', name: 'book-2' },
  { type: 'sociality', name: 'book-3' },
  { type: 'technology', name: 'book-4' },
  { type: 'technology', name: 'book-5' },
  { type: 'sociality', name: 'book-6' },
  { type: 'travel', name: 'book-7' },
  { type: 'novel', name: 'book-8' },
  { type: 'literature', name: 'book-9' },
  { type: 'novel', name: 'book-10' },
  { type: 'technology', name: 'book-11' },
  { type: 'novel', name: 'book-12' }
  { type: 'novel', name: 'book-13' },
  { type: 'travel', name: 'book-14' },
  { type: 'travel', name: 'book-15' },
  { type: 'literature', name: 'book-16' },
```

```
{ type: 'novel', name: 'book-17' },
{ type: 'travel', name: 'book-18' },
{ type: 'sociality', name: 'book-19' }
...
]
```

8.4.3 $count 计数

(1) 统计全部数据个数。

```
db.book2.aggregate([{$count:"all_count"}])
```

运行结果如下。

```
test> db.book2.aggregate([{$count:"all_count"}])
[ { all_count: 50 } ]
```

(2) 统计 type 值为 "novel" 的数量。$match 筛选出类型匹配的文档，$count 返回聚合管道中过滤后的文档的个数，并将值分配给 novel_count。

```
db.book2.aggregate([{$match:{type:"novel"}},{$count:"novel_count"}])
```

运行结果如下。

```
test> db.book2.aggregate([{$match:{type:"novel"}},{$count:"novel_count"}])
[ { novel_count: 12 } ]
```

8.4.4 $limit 与$skip

(1) $limit 限制集合数据中返回的文档数量。

输出 5 条数据。

```
db.book2.aggregate([{$limit:5}])
```

运行结果如下。

```
test> db.book2.aggregate([{$limit:5}])
[
  {
    _id: 1,
    title: 'book-0',
    type: 'literature',
    tag: [ 'popular', 'mongodb' ],
    favCount: 20,
    author: { name: 'xx009', age: 20 }
  },
  {
    _id: 2,
    title: 'book-1',
    type: 'sociality',
    tag: [ 'popular', 'document' ],
    favCount: 59,
```

```
    author: { name: 'xx000', age: 31 }
  },
  {
    _id: 3,
    title: 'book-2',
    type: 'literature',
    tag: [ 'mongodb', 'mongodb' ],
    favCount: 61,
    author: { name: 'xx001', age: 32 }
  },
  {
    _id: 4,
    title: 'book-3',
    type: 'sociality',
    tag: [ 'developer', 'mongodb' ],
    favCount: 7,
    author: { name: 'xx005', age: 24 }
  },
  {
    _id: 5,
    title: 'book-4',
    type: 'technology',
    tag: [ 'document', 'mongodb' ],
    favCount: 57,
    author: { name: 'xx009', age: 32 }
  }
]
```

观察结果，发现与 db.book2.find().limit(5)得到的结果是一样的，所以也可以使用 limit()函数实现这一效果。

（2）$skip 跳过指定的文档数。

跳过 5 条数据，输出后面的所有数据。

```
db.book2.aggregate([{$skip:5}])
```

运行结果如下。

```
test> db.book2.aggregate([{$skip:5}])
[
  {
    _id: 6,
    title: 'book-5',
    type: 'technology',
    tag: [ 'developer', 'document' ],
    favCount: 66,
    author: { name: 'xx002', age: 30 }
  },
  {
```

```
    _id: 7,
    title: 'book-6',
    type: 'sociality',
    tag: [ 'developer', 'popular' ],
    favCount: 6,
    author: { name: 'xx007', age: 32 }
  },
...]
```

与 db.book2.find().skip(5)的实现结果一致。

（3）两者联合使用。

跳过 5 条数据，仅显示 5 条。

```
db.book2.aggregate([{$skip:5},{$limit:5}])
```

运行结果如下。

```
test> db.book2.aggregate([{$skip:5},{$limit:5}])
[
  {
    _id: 6,
    title: 'book-5',
    type: 'technology',
    tag: [ 'developer', 'document' ],
    favCount: 66,
    author: { name: 'xx002', age: 30 }
  },
  {
    _id: 7,
    title: 'book-6',
    type: 'sociality',
    tag: [ 'developer', 'popular' ],
    favCount: 6,
    author: { name: 'xx007', age: 32 }
  },
  {
    _id: 8,
    title: 'book-7',
    type: 'travel',
    tag: [ 'popular', 'mongodb' ],
    favCount: 23,
  },
  {
    _id: 9,
    title: 'book-8',
    type: 'novel',
    tag: [ 'mongodb', 'developer' ],
    favCount: 0,
```

```
    author: { name: 'xx007', age: 21 }
  },
  {
    _id: 10,
    title: 'book-9',
    type: 'literature',
    tag: [ 'nosql', 'mongodb' ],
    favCount: 83,
    author: { name: 'xx002', age: 20 }
  }
]
```

与 db.book2.find().skip(5).limit(5)的实现结果一致。

8.4.5　$sort 聚合排序

将数据按 favCount 正序排序。

```
db.book2.aggregate([{$sort:{favCount:1}}])
```

运行结果如下。

```
test> db.book2.aggregate([{$sort:{favCount:1}}])
[
  {
    _id: 9,
    title: 'book-8',
    type: 'novel',
    tag: [ 'mongodb', 'developer' ],
    favCount: 0,
    author: { name: 'xx007', age: 21 }
  },
  {
    _id: 13,
    title: 'book-12',
    type: 'novel',
    tag: [ 'document', 'developer' ],
    author: { name: 'xx004', age: 27 }
  },
  {
    _id: 30,
    title: 'book-29',
    type: 'sociality',
    tag: [ 'mongodb', 'popular' ],
    favCount: 2,
    author: { name: 'xx001', age: 24 }
  },
  {
    _id: 46,
```

```
    title: 'book-45',
    type: 'novel',
    tag: [ 'popular', 'nosql' ],
    favCount: 4,
    author: { name: 'xx001', age: 20 }
  },
...
]
```

与 db.book2.find().sort({favCount:1}) 的实现结果一致。

8.4.6 $group 分组查询

（1）统计文档中的书籍总量、收藏总数、平均收藏量。

```
db.book2.aggregate([
   {$group:{_id:null,bookCount:{$sum:1},favCount:{$sum:"$favCount"},favAvg:{$avg:"$favCount"}}}
])
```

运行结果如下。

```
test> db.book2.aggregate([
   {$group:{_id:null,bookCount:{$sum:1},favCount:{$sum:"$favCount"},favAvg:{$avg:"$favCount"}}}
])
[ { _id: null, bookCount: 50, favCount: 2064, favAvg: 41.28 } ]
```

观察结果可知，书籍总数 50，收藏总数 2064，平均收藏量 41.28。

（2）统计每个作者的书籍收藏总数。

```
db.book2.aggregate([{$group:{_id:"$author.name",favCount:{$sum:"$favCount"}}}])
```

运行结果如下。

```
test> db.book2.aggregate([{$group:{_id:"$author.name",favCount:{$sum:"$favCount"}}}])
[
  { _id: 'xx004', favCount: 72 },
  { _id: 'xx000', favCount: 530 },
  { _id: 'xx006', favCount: 75 },
  { _id: 'xx009', favCount: 258 },
  { _id: 'xx002', favCount: 269 },
  { _id: 'xx008', favCount: 190 },
  { _id: 'xx007', favCount: 386 },
  { _id: 'xx003', favCount: 57 },
  { _id: 'xx001', favCount: 145 },
  { _id: 'xx005', favCount: 82 }
]
```

观察结果可知，书籍收藏总数最多的是_id 为 "xx000" 的作者。

（3）统计每个作者的每本书的收藏数。

```
db.book2.aggregate([
    {$group:{_id:{author:"$author.name",title:"$title"},favCount:{$sum:
"$favCount"}}}
])
```

运行结果如下。

```
test> db.book2.aggregate([
    {$group:{_id:{author:"$author.name",title:"$title"},favCount:{$sum:
"$favCount"}}}
])
[
  { _id: { author: 'xx000', title: 'book-36' }, favCount: 14 },
  { _id: { author: 'xx000', title: 'book-22' }, favCount: 52 },
  { _id: { author: 'xx002', title: 'book-25' }, favCount: 88 },
  { _id: { author: 'xx001', title: 'book-24' }, favCount: 78 },
  { _id: { author: 'xx008', title: 'book-14' }, favCount: 52 },
  { _id: { author: 'xx000', title: 'book-28' }, favCount: 63 },
  { _id: { author: 'xx009', title: 'book-37' }, favCount: 23 },
  { _id: { author: 'xx008', title: 'book-38' }, favCount: 60 },
  { _id: { author: 'xx000', title: 'book-40' }, favCount: 14 },
  { _id: { author: 'xx000', title: 'book-41' }, favCount: 89 },
  { _id: { author: 'xx004', title: 'book-12' }, favCount: 2 },
  { _id: { author: 'xx000', title: 'book-1' }, favCount: 59 },
  { _id: { author: 'xx007', title: 'book-43' }, favCount: 81 },
  { _id: { author: 'xx004', title: 'book-47' }, favCount: 13 },
  { _id: { author: 'xx005', title: 'book-46' }, favCount: 67 },
  { _id: { author: 'xx008', title: 'book-42' }, favCount: 39 },
  { _id: { author: 'xx002', title: 'book-48' }, favCount: 7 },
  { _id: { author: 'xx001', title: 'book-2' }, favCount: 61 },
  { _id: { author: 'xx005', title: 'book-16' }, favCount: 8 }
] ...
```

结果数据较多，这里仅展示部分。可以通过每个作者的每本书的收藏数，找出比较受读者喜爱的书。

（4）统计每个作者的每本书的 type 合集。

```
db.book2.aggregate([{$group:{_id:"$author.name",types:{$addToSet:"$type"}}}])
```

运行结果如下。

```
test> db.book2.aggregate([{$group:{_id:"$author.name",types:{$addToSet:
"$type"}}}])
[
  {
    _id: 'xx007',
    types: [ 'literature', 'sociality', 'technology', 'novel' ]
  },
```

```
  { _id: 'xx003', types: [ 'technology' ] },
  {
    _id: 'xx008',
    types: [ 'literature', 'travel', 'technology', 'novel' ]
  },
  { _id: 'xx006', types: [ 'novel' ] },
  {
    _id: 'xx001',
    types: [ 'literature', 'sociality', 'technology', 'novel' ]
  },
  { _id: 'xx005', types: [ 'sociality', 'technology', 'literature' ] },
  {
    _id: 'xx009',
    types: [ 'literature', 'sociality', 'technology', 'novel' ]
  },
  { _id: 'xx004', types: [ 'novel', 'sociality', 'technology' ] },
  { _id: 'xx000', types: [ 'travel', 'literature', 'sociality' ] },
  {
    _id: 'xx002',
    types: [ 'literature', 'travel', 'technology', 'novel' ]
  }
]
```

观察结果可以发现，有不少作者都擅长创作同类型的书籍。

（5）统计每个分类的书籍文档数量。

```
db.book2.aggregate([ {$group:{_id:"$type",bookCount:{$sum:1}}}, {$sort:
{bookCount:1}} ])
```

运行结果如下。

```
test>db.book2.aggregate([ {$group:{_id:"$type",bookCount:{$sum:1}}}, {$sort:
{bookCount:1}} ])
[
  { _id: 'travel', bookCount: 9 },
  { _id: 'technology', bookCount: 9 },
  { _id: 'literature', bookCount: 10 },
  { _id: 'sociality', bookCount: 10 },
  { _id: 'novel', bookCount: 12 }
]
```

观察结果可知，"novel"类型的书籍文档数量最多。

本章小结

本章主要介绍排序和分页的实现，sort()函数排序是数据库比较常用的操作，结合 skip() 函数和 limit()函数可以实现数据分页；聚合管道的使用可以实现相对复杂的分组、分类、统计。通过本章的学习，学生可以培养计算能力和逻辑思维，同时锻炼独立思考能力。

课后习题

使用 test3 数据库中 c1 集合的数据，实现如下统计。
1. 求学生总数和平均年龄。
2. 查询男生、女生人数，并按人数升序排序。

项目实训

准备如下数据并完成相关操作。

```
use test3
db.c1.insertOne({_id:1,name:"Tom",sex:"M",age:18})
db.c1.insertOne({_id:2,name:"Bob",sex:"M",age:20})
db.c1.insertOne({_id:3,name:"Jerry",sex:"F",age:31})
db.c1.insertOne({_id:4,name:"Marry",sex:"F",age:14})
db.c1.insertOne({_id:5,name:"June",sex:"M",age:50})
db.c1.find()
```

1. 按照年龄升序/降序排序。
2. 按照年龄降序查询，降序跳过 2 条数据并查询 2 条数据。
3. 对数据进行分页，每次只显示 2 个人的信息。

第 9 章 权限机制

◎ 学习导读

安装完 MongoDB 后,在命令行输入"mongosh"即可登录数据库,但这样是不安全的。MongoDB 的权限机制很好地解决了这一问题,确保了数据库的安全性和数据的完整性。本章将介绍 MongoDB 的权限机制。

◎ 知识目标

掌握权限的设置
掌握不同权限下用户的使用
掌握数据的备份与恢复

◎ 素养目标

培养数据安全意识
培养对待事务严谨的心态

9.1 权限分配

在 MongoDB 中,可以为用户创建账号并为其分配角色和权限,以控制对数据库的访问,这是通过 MongoDB 的内置角色和权限系统来实现的。以下是在 MongoDB 中创建用户账号的语法。

```
db.createUser({
   'user':'用户名',
   'pwd':'密码',
   'roles':[{
      role:'角色',
      db:'所属数据库'
   }]
})
```

关于 role 参数的角色种类,如表 9-1 所示。

表 9-1 role 参数的角色种类

说明	角色种类
超级用户角色	root

续表

说明	角色种类
数据库用户角色	read、readWrite
数据库管理角色	dbAdmin、userAdmin
集群管理角色	clusterAdmin、clusterManager、clusterMonitor、hostManager
备份恢复角色	backup、restore
所有数据库角色	readAnyDatabase、readWriteAnyDatabase、userAdminAnyDatabase、dbAdminAnyDatabase

- root：只在 admin 数据库中可用。
- read：允许用户读取指定数据库。
- readWrite：允许用户读写指定数据库。

9.2 安装验证服务

有了账号之后才可以开启验证模式，用户只有输入用户名和密码才能登录使用。创建一个用户名为 admin 的账号，并为其设置密码 admin888，同时分配 root 角色，使其具有管理员权限。

1. 添加管理员

必须使用 admin 数据库，才能添加管理员。

```
use admin
```

创建管理员帐号，用户名为 admin，密码为 admin888，代码如下。

```
test> use admin
switched to db admin
admin> db.createUser({'user':'admin','pwd':'admin888','roles':[{role:'root',db:'admin'}]})
{ ok: 1 }
admin> db.system.users.find()                    # 查看创建的用户
[
  {
    _id: 'admin.admin',
    userId: new UUID("b9998572-a29a-4842-bad2-c2f952da2019"),
    user: 'admin',
    db: 'admin',
    credentials: {
      'SCRAM-SHA-1': {
        iterationCount: 10000,
        salt: '3BL4aK21AukBMvBA1oThnQ==',
        storedKey: 'VG3NydUrxUnyAjVTL4MEV+nQDco=',
        serverKey: 'plitdvlHkZryCclVChVJftOPJvs='
      },
      'SCRAM-SHA-256': {
```

```
      iterationCount: 15000,
      salt: '6sflLL1o+DTPa/+9AXMM7SqMOgL+Efz+QWma7A==',
      storedKey: 'KNyXmod4WC+RjDIwpte+LsZaub1LYCdOw4kB+4VWC3A=',
      serverKey: 'KUffx5Xz0FsG0RHIgLTraRubYax1JC8SEJy19zLP4mM='
    }
  },
  roles: [ { role: 'root', db: 'admin' } ]
}
]
```

2．退出并卸载服务

账号当中已经有了刚才创建的 admin 用户，使用 exit 命令退出登录，然后以管理员模式打开终端，输入如下命令卸载服务。

注意：要切换到 MongoDB 服务的 bin 目录下再卸载。

```
mongod --remove
```

运行结果如下。

```
PS C:\Program Files\MongoDB\Server\7.0\bin> mongod --remove
{"t":{"$date":"2023-12-28T21:21:24.810+08:00"},"s":"I", "c":"NETWORK", "id":4915701,
"ctx":"thread1","msg":"Initialized wire
specification","attr":{"spec":{"incomingExternalClient":{"minWireVersion":0,"maxWireVersion":21},"incomingInternalClient":{"minWireVersion":0,
"maxWireVersion":21},"outgoing":{"minWireVersion":6,"maxWireVersion":21},
"isInternalClient":true}}}
{"t":{"$date":"2023-12-28T21:21:24.828+08:00"},"s":"I", "c":"CONTROL",
"id":23285, "ctx":"thread1","msg":"Automatically disabling TLS 1.0, to
force-enable TLS 1.0 specify --sslDisabledProtocols 'none'"}
{"t":{"$date":"2023-12-28T21:21:29.328+08:00"},"s":"I", "c":"NETWORK",
"id":4648602, "ctx":"thread1","msg":"Implicit TCP FastOpen in use."}
{"t":{"$date":"2023-12-28T21:21:29.342+08:00"},"s":"I", "c":"REPL",
"id":5123008, "ctx":"thread1","msg":"Successfully registered
PrimaryOnlyService","attr":{"service":"TenantMigrationDonorService",
"namespace":"config.tenantMigrationDonors"}}
{"t":{"$date":"2023-12-28T21:21:29.343+08:00"},"s":"I", "c":"REPL",
"id":5123008, "ctx":"thread1","msg":"Successfully registered
PrimaryOnlyService","attr":{"service":"TenantMigrationRecipientService",
"namespace":"config.tenantMigrationRecipients"}}
{"t":{"$date":"2023-12-28T21:21:29.343+08:00"},"s":"I", "c":"CONTROL", "id":23307, "ctx":"thread1","msg":"Trying to remove Windows service","attr":{"name":"MongoDB"}}
{"t":{"$date":"2023-12-28T21:21:29.406+08:00"},"s":"I", "c":"CONTROL",
"id":23310, "ctx":"thread1","msg":"Service is currently running, stopping service","attr":{"serviceName":"MongoDB"}}
{"t":{"$date":"2023-12-28T21:21:27.407+08:00"},"s":"I", "c":"CONTROL",
```

```
"id":23311,    "ctx":"thread1","msg":"Service stopped","attr":{"serviceName":
"MongoDB"}}
{"t":{"$date":"2023-12-28T21:21:27.414+08:00"},"s":"I",  "c":"CONTROL",
"id":23312,    "ctx":"thread1","msg":"Service removed","attr":{"serviceName":
"MongoDB"}}
```

3. 安装需要身份验证的 MongoDB 服务

卸载完成之后, 重新安装服务并启动, 语法如下。

```
mongod --install --dbpath 数据目录 --logpath 日志目录\日志名称 --auth
```

运行结果如下。

```
PS C:\Program Files\MongoDB\Server\7.0\bin> mongod --install --dbpath "C:
\Program Files\MongoDB\Server\7.0\data" --logpath "C:\Program Files\MongoDB
\Server\7.0\log\mongodb2.log" --auth
PS C:\Program Files\MongoDB\Server\7.0\bin> net start mongodb       # 重新启动服务
MongoDB 服务正在启动
MongoDB 服务已经启动成功
```

至此, 需要验证的服务已经安装好了。

9.3 用户登录验证

完成上述步骤后, MongoDB 将要求所有连接到实例的客户端进行身份验证。客户端在连接时需要提供正确的用户名和密码, 否则将无法访问数据库。

1. 启动服务

打开 MongoDB, 查看数据库, 代码如下。

```
C:\Users\Administrator>mongosh
Current Mongosh Log ID: 658d7cb13b7646472006b402
Connecting to:       mongodb://127.0.0.1:27017/?directConnection=
true&serverSelectionTimeoutMS=2000&appName=mongosh+1.10.6
Using MongoDB:          7.0.1
Using Mongosh:          1.10.6
mongosh 2.1.1 is available for download: https://www.mongodb.com/try
/download/shell

For mongosh info see: https://docs.mongodb.com/mongodb-shell/

test> show dbs
MongoServerError: Command listDatabases requires authentication
```

此时提示需要验证身份。

2. 登录 MongoDB

一旦开启了用户验证, 就需要在连接到 MongoDB 实例时提供正确的用户名和密码。以下是登录 MongoDB 的两种方法。

（1）直接使用用户名和密码登录，语法如下。

`MongoDB 服务器 IP 地址：端口/数据库 -u 用户名 -p 密码`

注意：需要在 MongoDB 没有登录的状态下输入此命令。

```
C:\Users\Administrator>mongosh 127.0.0.1:27017/admin -u admin -p admin888
Current Mongosh Log ID: 658d7e57412124cc57a2717a
Connecting to:          mongodb://<credentials>@127.0.0.1:27017/
admin?directConnection=true&serverSelectionTimeoutMS=2000&appName=mongosh+
1.10.6
Using MongoDB:          7.0.1
Using Mongosh:          1.10.6
mongosh 2.1.1 is available for download: https://www.mongodb.com/try
/download/shell

For mongosh info see: https://docs.mongodb.com/mongodb-shell/

------
   The server generated these startup warnings when booting
   2023-12-28T21:44:50.200+08:00: This server is bound to localhost. Remote
systems will be unable to connect to this server. Start the server with --
bind_ip <address> to specify which IP addresses it should serve responses
from, or with --bind_ip_all to bind to all interfaces. If this behavior is
desired, start the server with --bind_ip 127.0.0.1 to disable this warning
------

admin> show dbs                      # 验证成功，可以查看数据库
admin    180.00 KiB
config    60.00 KiB
local     72.00 KiB
stu       40.00 KiB
test       4.83 MiB
test2    360.00 KiB
test3    120.00 KiB
```

（2）先选择数据库，再验证用户名和密码，语法如下。

`db.auth('用户名','密码')`

运行结果如下。

```
C:\Users\Administrator>mongosh
Current Mongosh Log ID: 658d7eedc9d7b364510791bf
Connecting
to:         mongodb://127.0.0.1:27017/?directConnection=true&serverSelectionT
imeoutMS=2000&appName=mongosh+1.10.6
Using MongoDB:          7.0.1
Using Mongosh:          1.10.6
mongosh 2.1.1 is available for download:
```

```
https://www.mongodb.com/try/download/shell

For mongosh info see: https://docs.mongodb.com/mongodb-shell/

test> use admin                              # 选择数据库
switched to db admin
admin> db.auth('admin','admin888')           # 验证用户名和密码
{ ok: 1 }
admin> show dbs
admin    180.00 KiB
config    60.00 KiB
local     72.00 KiB
stu       40.00 KiB
test       4.83 MiB
test2    360.00 KiB
test3    120.00 KiB
```

3. 创建不同用户实现读写

不同权限的账号，只能操作它权限范围内的数据。为方便实现不同用户的读写权限，先准备以下数据。

```
admin> use shop
switched to db shop
shop> for(var i=1;i<=10;i++){db.products.insertOne({name:"product"+i,price:i})}
{
  acknowledged: true,
  insertedId: ObjectId("658d8364c9d7b364510791c9")
}
shop> db.products.find()
[
  {
    _id: ObjectId("658d8364c9d7b364510791c0"),
    name: 'product1',
    price: 1
  },
  ...
  {
    _id: ObjectId("658d8364c9d7b364510791c9"),
    name: 'product10',
    price: 10
  }
]
```

（1）添加用户 user1 和 user2 并设置权限。user1 只能读取数据库 shop，user2 可以读取并写入数据库 shop，代码如下。

```
shop> db.createUser({'user':'user1','pwd':'admin888','roles':[{role:'read',
```

```
db:'shop'}]})
{ ok: 1 }
shop> db.createUser({'user':'user2','pwd':'admin888','roles':[{role:
'readWrite',db:'shop'}]})
{ ok: 1 }
shop> use admin
switched to db admin
admin> db.system.users.find()          # 查看用户
[
  {
    _id: 'admin.admin',
    userId: new UUID("b9998572-a29a-4842-bad2-c2f952da2019"),
    user: 'admin',
    db: 'admin',
    credentials: {
      'SCRAM-SHA-1': {
        iterationCount: 10000,
        salt: '3BL4aK2lAukBMvBA1oThnQ==',
        storedKey: 'VG3NydUrxUnyAjVTL4MEV+nQDco=',
        serverKey: 'plitdvlHkZryCclVChVJftOPJvs='
      },
      'SCRAM-SHA-256': {
        iterationCount: 15000,
        salt: '6sflLL1o+DTPa/+9AXMM7SqMOgL+Efz+QWma7A==',
        storedKey: 'KNyXmod4WC+RjDIwpte+LsZaub1LYCdOw4kB+4VWC3A=',
        serverKey: 'KUffx5Xz0FsG0RHIgLTraRubYaxlJC8SEJy19zLP4mM='
      }
    },
    roles: [ { role: 'root', db: 'admin' } ]
  },
  {
    _id: 'shop.user1',
    userId: new UUID("a5d4391d-6b33-4cec-80e1-f6a62d0b132f"),
    user: 'user1',                      # 新建user1用户
    db: 'shop',
    credentials: {
      'SCRAM-SHA-1': {
        iterationCount: 10000,
        salt: 'JOpbdqZ2V/cxlOD89gxOdQ==',
        storedKey: 'pQKA3xTv1Px4B2lFxFw/WAM3DuA=',
        serverKey: 'zyxWaYbUjEXf355oIEvA4UbwsrQ='
      },
      'SCRAM-SHA-256': {
        iterationCount: 15000,
        salt: 'Op+MAnALnZBi7/ODVILnGH4bYbighrewSRXx1A=',
        storedKey: 'aaZHto+t3Wxl7nDjuISnopRA6gvvA+Fqp6IQ665/IaY=',
```

```
      serverKey: 'dU0TDW3k/fXls/pNsxhibT9irai2VnrW2SMmMb/SF1g='
    }
  },
  roles: [ { role: 'read', db: 'shop' } ]
},
{
  _id: 'shop.user2',
  userId: new UUID("b0b1847d-f130-499e-bafd-726c9f9dc892"),
  user: 'user2',                          # 新建 user2 用户
  db: 'shop',
  credentials: {
    'SCRAM-SHA-1': {
      iterationCount: 10000,
      salt: 'RsTTIoK7fufAM3gaHShsUw==',
      storedKey: '8uLf+eyKS0I75AoSyTwaWdVmhRc=',
      serverKey: '0wQjaSGxd2TBskapRTfGON5pckg='
    },
    'SCRAM-SHA-256': {
      iterationCount: 15000,
      salt: '0t588iRNkC5MBuqcq/8m9QOElaVcDFGR/LmxPQ==',
      storedKey: 'p91QiaknWQG4UcrPr2ziaeW9UD3bMPLYcqMHwgYDozc=',
      serverKey: 'm0dsmuWfy+MKxGgZYDrUYluLXnexG4xnBoGaJFZPQdo='
    }
  },
  roles: [ { role: 'readWrite', db: 'shop' } ]
}
]
```

（2）数据和用户都准备好之后验证是否可以读写。先退出当前用户，使用新建的用户登录。

【例 9-1】验证 user1 用户是否只可读取而不可写入。

```
C:\Users\Administrator>mongosh 127.0.0.1:27017/shop -u user1 -p
admin888        # 验证登录
Current Mongosh Log ID: 658d8a22c70d07cbb1ce2117
Connecting to:          mongodb://<credentials>@127.0.0.1:27017
/shop?directConnection=true&serverSelectionTimeoutMS=2000&appName=mongosh+
1.10.6
Using MongoDB:          7.0.1
Using Mongosh:          1.10.6
mongosh 2.1.1 is available for download: https://www.mongodb.com/try
/download/shell

For mongosh info see: https://docs.mongodb.com/mongodb-shell/


shop> show collections
products
```

```
shop>db.products.find()
# 查看数据，可读
[
  {
    _id: ObjectId("658d8364c9d7b364510791c0"),
    name: 'product1',
    price: 1
  },
  ...
  {
    _id: ObjectId("658d8364c9d7b364510791c9"),
    name: 'product10',
    price: 10
  }
]
shop>db.products.insertOne({name:"python"})
# 不可写入
MongoServerError: not authorized on shop to execute command { insert:
"products", documents: [ { name: "python", _id: ObjectId
('658d8a69c70d07cbb1ce2118') } ], ordered: true, lsid: { id: UUID("18f62e99-
6fbc-4f5a-bf24-971f88995635") }, $db: "shop" }
```

【例 9-2】验证 user2 用户是否可读可写。

```
C:\Users\Administrator>mongosh 127.0.0.1:27017/shop -u user2 -p
admin888          # 验证登录
Current Mongosh Log ID: 658d8b4b48c5a6f8a1042ff2
Connecting
to:      mongodb://<credentials>@127.0.0.1:27017/shop?directConnection=
true&serverSelectionTimeoutMS=2000&appName=mongosh+1.10.6
Using MongoDB:    7.0.1
Using Mongosh:    1.10.6
mongosh 2.1.1 is available for download: https://www.mongodb.com/try
/download/shell

For mongosh info see: https://docs.mongodb.com/mongodb-shell/

shop>db.products.find()
# 查看数据，可读
[
  {
    _id: ObjectId("658d8364c9d7b364510791c0"),
    name: 'product1',
    price: 1
  },
  ...
  {
    _id: ObjectId("658d8364c9d7b364510791c9"),
```

```
      name: 'product10',
      price: 10
    }
]
shop>db.products.insertOne({name:"python"})
# 可写入
{
  acknowledged: true,
  insertedId: ObjectId("658d8b7e48c5a6f8a1042ff3")
}
```

9.4 备份还原

在实际工作中，数据库的备份极其重要。通过备份，我们可以将数据库中的数据导出生成副本并存储，以便在需要时将已经备份的文件还原到其备份时的状态。备份还原技术不仅关乎数据的完整性，还涉及业务连续性、数据安全等多个方面。

9.4.1 下载备份还原工具

MongoDB 数据库工具是用于处理 MongoDB 部署的命令行实用程序的集合。这些工具独立于 MongoDB Server 计划发布，需要单独下载。在 MongoDB 官网中找到 MongoDB Database Tools，里面就是我们需要的工具；下载后得到压缩包，解压缩之后进入文件的 bin 目录，可以看到各种工具；接下来的备份还原操作就需要用到其中的 mongodump 和 mongorestore 相关文件。为了方便使用其他功能，直接将其中的所有 exe 文件复制到 MongoDB 安装目录下的 bin 目录中，这样备份还原工具就准备好了，如图 9-1 所示。

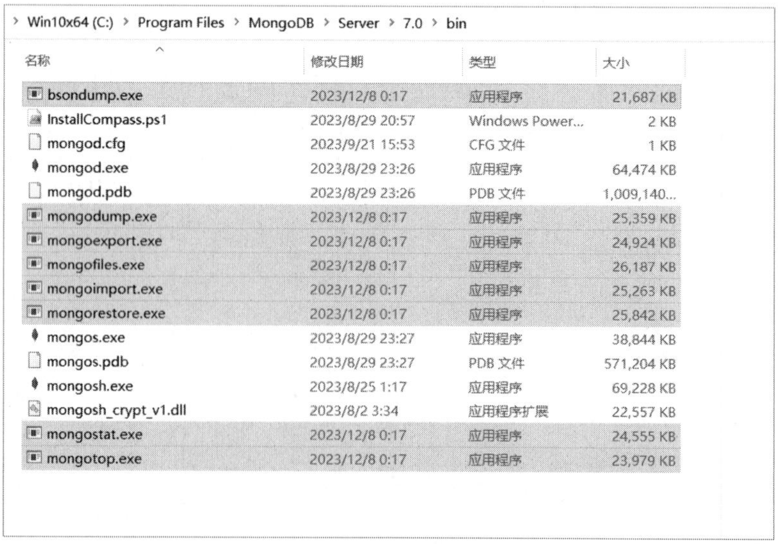

图 9-1 备份还原工具

9.4.2 备份数据 mongodump

备份就是给原有数据或文件生成一个副本，并将该副本保存起来。备份的主要目的是确保在原始数据丢失或损坏时，能够迅速、准确地恢复到备份时的状态，从而减少或避免损失。在 MongoDB 中，备份用到的是 mongodump 关键字，语法如下。

```
mongodump -h -port -u -p -d -o
```

- -h：服务器 IP 地址（一般不写，默认是本机）。
- -port：端口号（一般不写，默认是 27017）。
- -u：用户名。
- -p：密码。
- -d：备份的数据库（不写则表示备份全部数据库）。
- -o：指定备份目录。

【例 9-3】备份所有数据，备份目录为 D:\work\mongoDB\bak（此目录为示例，需要提前创建）。

```
C:\Program Files\MongoDB\Server\7.0\bin>mongodump -u admin -p admin888 -o D:\work\mongoDB\bak
2023-12-28T23:32:40.641+0800    writing admin.system.users to D:\work\mongoDB\bak\admin\system.users.bson
2023-12-28T23:32:40.663+0800    done dumping admin.system.users (4 documents)
……
2023-12-28T23:32:40.734+0800    done dumping test2.class (0 documents)
2023-12-28T23:32:40.783+0800    done dumping test.c1 (100000 documents)
```

【例 9-4】备份指定数据，使用 user1 用户把 shop 数据库备份到目录 D:\work\mongoDB\bak2 下。

```
C:\Program Files\MongoDB\Server\7.0\bin>mongodump -u user1 -p admin888 -d shop -o D:\work\mongoDB\bak2
2023-12-28T23:36:00.434+0800    writing shop.products to D:\work\mongoDB\bak2\shop\products.bson
2023-12-28T23:36:00.445+0800    done dumping shop.products (11 documents)
```

9.4.3 还原数据 mongorestore

还原数据使用的是 mongorestore 关键字，将之前通过 mongodump 创建的备份文件恢复到 MongoDB 数据库中，语法如下。

```
mongorestore -h -port -u -p -d --drop 备份数据目录
```

- -h：服务器 IP 地址（一般不写，默认是本机）。
- -port：端口号（一般不写，默认是 27017）。
- -u：用户名。
- -p：密码。
- -d：还原的数据库（不写则默认是 admin 数据库）。

【例 9-5】 把 bak 文件夹中备份的数据还原到数据库中。

注意： 使用-drop 命令先删除原有数据库再导入，否则将直接覆盖。

```
C:\Program Files\MongoDB\Server\7.0\bin>mongorestore -u admin -p admin888 --drop  D:\work\mongoDB\bak
2024-03-02T00:16:12.730+0800    preparing collections to restore from
2024-03-02T00:16:12.745+0800    reading metadata for pdf_gridfs.fs.chunks from D:\work\mongoDB\bak\pdf_gridfs\fs.chunks.metadata.json
2024-03-02T00:16:12.745+0800    reading metadata for test.book2 from D:\work\mongoDB\bak\test\book2.metadata.json
2024-03-02T00:16:12.745+0800    reading metadata for test.books_favCount from D:\work\mongoDB\bak\test\books_favCount.metadata.json
...
2024-03-02T00:16:13.365+0800    100052 document(s) restored successfully. 0 document(s) failed to restore.
```

9.5 项目实践：备份还原数据库

此项目实践综合使用用户权限及备份和还原功能，在做项目之前一定要把原有的有用数据提前保存好，以免造成不必要的损失。

（1）创建管理员账号，用户名为 stu，密码为 stu666，代码如下。

```
test> use admin
switched to db admin
admin>
db.createUser({"user":"stu","pwd":"stu666","roles":[{role:"root",db:"admin"}]})
{ ok: 1 }
admin> db.system.users.find()
[
   _id: 'admin.stu',
   userId: new UUID("ec4995df-8462-408b-87ea-5dc4033ccd15"),
   user: 'stu',
   db: 'admin',
   credentials: {
    'SCRAM-SHA-1': {
      iterationCount: 10000,
      salt: 'DnOhs3uoQ7+r4ckVSq3QGQ==',
      storedKey: 'Cxr8WEzjzwOH1BvsrKfNkP1m3cs=',
      serverKey: '1yx7zd77GkNG9y7POANizzXfrwM='
    },
    'SCRAM-SHA-256': {
      iterationCount: 15000,
      salt: 'OvRjWAENEX7O4+IGY6uEBwaoRNNGvC8w5M7tvA==',
      storedKey: 'CKjC5tWWCtuLq4zjRYATgI9KXxUIrKwn58M7y1DTQik=',
```

```
      serverKey: '987PaX69Wz+H9qgRXtYBALaekVSbR+328R7kfYJCirE='
    }
  },
  roles: [ { role: 'root', db: 'admin' } ]
]
```

（2）退出并卸载服务。要切换到 MongoDB 的 bin 目录下卸载服务，关键代码如下。

```
C:\Program Files\MongoDB\Server\7.0\bin>mongod --remove
...
{"t":{"$date":"2024-03-01T23:18:34.370+08:00"},"s":"I", "c":"CONTROL",
"id":23312, "ctx":"thread1","msg":"Service removed","attr":{"serviceName":
"MongoDB"}}
```

（3）安装身份验证服务，代码如下。

```
C:\Program Files\MongoDB\Server\7.0\bin>mongod --install --dbpath "C:\Program
Files\MongoDB\Server\7.0\data" --logpath "C:\Program Files\MongoDB\Server
\7.0\log\mongod.log" --auth
{"t":{"$date":"2024-03-01T15:22:42.890Z"},"s":"I", "c":"CONTROL", "id":
20697, "ctx":"thread1","msg":"Renamed existing log file","attr":
{"oldLogPath":"C:\\Program Files\\MongoDB\\Server\\7.0\\log\\mongod.log",
"newLogPath":"C:\\Program Files\\MongoDB\\Server\\7.0\\log\\mongod.log.2024-
03-01T15-22-42"}}
```

（4）登录 MongoDB 服务。

① 启动服务，代码如下。

```
C:\Program Files\MongoDB\Server\7.0\bin>net start mongodb
MongoDB 服务正在启动
MongoDB 服务已经启动成功。
```

② 登录 stu 账号，代码如下。

```
C:\Users\Nicole>mongosh 127.0.0.1:27017/admin -u stu -p stu666
Connecting to:
mongodb://<credentials>@127.0.0.1:27017/admin?directConnection=
true&serverSelectionTimeoutMS=2000&appName=mongosh+1.7.1
Using MongoDB:          7.0.1
Using Mongosh:          1.7.1

For mongosh info see: https://docs.mongodb.com/mongodb-shell/
...
```

此时登录成功。

（5）备份还原数据库。

① 备份数据库到 D:\mongodb\bak3 目录下，代码如下。

```
C:\Program Files\MongoDB\Server\7.0\bin>mongodump -u stu -p stu666 -o D:
\mongodb\bak3
2024-03-02T00:06:10.292+0800    writing admin.system.users to D:\mongodb
\bak3\admin\system.users.bson
```

```
2024-03-02T00:06:10.302+0800    done dumping admin.system.users (2 documents)
2024-03-02T00:06:10.304+0800    writing admin.system.version to D:\mongodb
\bak3\admin\system.version.bson
2024-03-02T00:06:10.312+0800    writing test.book1 to D:\mongodb\bak3\test
\book1.bson
...
```

② 将 D:\mongodb\bak3 目录下的数据还原到数据库中，关键代码如下。

```
C:\Program Files\MongoDB\Server\7.0\bin>mongorestore -u stu -p stu666 --drop
D:\mongodb\bak3
2024-03-02T00:16:12.730+0800    preparing collections to restore from
2024-03-02T00:16:12.745+0800    reading metadata for pdf_gridfs.fs.chunks
from D:\mongodb\bak3\pdf_gridfs\fs.chunks.metadata.json
2024-03-02T00:16:12.745+0800    reading metadata for test.book2 from D:
\mongodb\bak3\test\book2.metadata.json
2024-03-02T00:16:12.745+0800    reading metadata for test.books_favCount from
D:\mongodb\bak3\test\books_favCount.metadata.json
...
```

查看数据库，数据已还原。

本章小结

在工作中备份和还原数据是非常重要的，因为数据的丢失造成的损失将是巨大的。默认安装完 MongoDB 的服务是没有验证的，需要创建账号之后重新安装才能开启验证。卸载服务后重新安装，原有数据不会丢失，但为防止出错，也可以提前做好备份。备份不仅仅是一项数据操作，还是一种工作态度，学生应养成谨慎、认真的工作态度，培养数据安全意识。

课后习题

1. 使用（　　）数据库，添加管理员。
   A. local　　　　B. config　　　　C. admin　　　　D. root
2. 卸载 MongoDB 服务需要使用（　　）关键字。
   A. Delete　　　B. remove　　　　C. drop　　　　　D. install
3. 备份数据需要使用（　　）关键字。
   A. mongodump　B. copy　　　　　C. -C　　　　　　D. mongorestore
4. 恢复数据需要使用（　　）关键字。
   A. mongodump　B. copy　　　　　C. back　　　　　D. mongorestore
5. 切换当前使用的数据库，需要使用（　　）关键字。
   A. use　　　　　B. try　　　　　　C. find　　　　　D. test

项目实训

使用前面章节中创建的账号和数据库，完成如下操作。

1. 进入数据库删除 shop 和 test1 数据库。
2. 退出数据库，使用 admin 账号恢复所有数据库。
3. 重新登录，查看数据库。
4. 还原指定 shop 数据库。
5. 重新登录，查看指定数据库。

第10章 MapReduce 与 GridFS

◎ 学习导读

本章主要介绍 MongoDB 中 MapReduce 和 GridFS 的使用。MapReduce 用于处理大规模数据集的并行运算。它的功能强大且灵活，可以将一个大问题拆分为多个小问题，再将各个小问题发送到不同的机器上去处理，待所有的机器都完成计算后，再将计算结果合并为一个完整的解决方案。GridFS 用于将文件分解成块并分别存储，解决大文件的存储问题。

◎ 知识目标

掌握 MapReduce 的使用
掌握 GridFS 的存储原理
掌握上传与下载文件

◎ 素养目标

培养知识存储的能力
培养解决问题的积极性

10.1 认识 MapReduce

10.1.1 MapReduce 概述

MapReduce 的核心思想是"分而治之"。所谓"分而治之"，就是把一个复杂的问题，按照一定的"分解"方法分为等价的规模较小的若干部分，然后逐个解决，分别找出各部分的结果，最后把各部分的结果组成整个问题的结果。这种思想来源于日常生活与工作时的经验，同样也适用于技术领域。

MapReduce 是一种强大的数据处理技术，适用于处理大规模数据集。它基于分布式计算模型，通过将数据映射并分解为键值对，再通过 reduce() 函数聚合分析，实现复杂的数据统计和聚合操作，从而提高数据处理效率。

在 MongoDB 中，MapReduce 功能基于 JavaScript 实现，允许用户自定义 map() 函数和 reduce() 函数，并对数据库中的数据进行分布式计算。Map 阶段负责将输入的数据切分成若干份，每份由一个 Mapper 处理，输出中间结果；Reduce 阶段则负责对中间结果进行聚合处理，输出最终结果。

MapReduce 在 MongoDB 中的应用非常广泛，可以用于批处理数据和聚合操作，类似于 Hadoop 的功能。它能够将复杂的查询和分析任务分解为简单的并行处理任务，从而充分利用 MongoDB 的分布式处理能力。通过使用 MapReduce，用户可以更方便地对大量数据进行统计、分析和挖掘，以满足各种业务需求。

10.1.2 MapReduce 的格式定义

MapReduce 的格式定义如下。

```
db.collection.mapReduce(
    function() {emit(key,value);},   //map 函数
    function(key,values) {return reduceFunction}, //reduce 函数
    {
        out: collection,
        query: document,
        sort: document,
        limit: number
    }
)
```

其中各个参数说明如下。
- mapReduce：要操作的目标集合。
- map 函数：映射函数（生成键值对序列，作为 reduce 函数参数）。
- reduce 函数：统计函数。
- out：结果存放集合。
- query：目标记录过滤。
- sort：目标记录排序。
- limit：限制目标记录数量。

【例 10-1】给定数据集，统计 1 班和 2 班的学生数量。

（1）准备如下数据。

```
shop> use test
switched to db test
test> db.students.insertOne({classid:1,age:14,name:"Tom"})
test> db.students.insertOne({classid:1,age:12,name:"Jack"})
test> db.students.insertOne({classid:2,age:16,name:"Lily"})
test> db.students.insertOne({classid:2,age:9,name:"Tony"})
test> db.students.insertOne({classid:2,age:19,name:"Harry"})
test> db.students.insertOne({classid:2,age:13,name:"Vincent"})
test> db.students.insertOne({classid:1,age:14,name:"Bill"})
test> db.students.insertOne({classid:2,age:17,name:"Bruce"})
```

（2）map()函数必须调用 emit(key,value)返回的键值对，使用 this 访问当前待处理的文档，代码如下。

```
test> m=function(){emit(this.classid,1)}
[Function: m]
```

emit 中的参数 value 可以使用 JSON Object 传递（支持多个属性值），如 emit(this.classid, {count:1})。

（3）reduce()函数接收的参数类似 Group 效果，将 Map()函数返回的键值对序列组合成 {key, [value1,value2, value3, value...]}的形式传递给 reduce()函数，代码如下。

```
test> r=function(key,values){var x=0; values.forEach(function(v){x+=v});
return x;}
[Function: r]
```

（4）reduce()函数对这些 values 进行"统计"操作，返回结果可以使用 JSON Object 传递，代码如下。

```
test> res=db.runCommand({mapreduce:"students",map:m,reduce:r,out:
"students_res"})
{ result: 'students_res', ok: 1 }
test> db.students_res.find()                    # 查看结果
[ { _id: 1, value: 3 }, { _id: 2, value: 5 } ]
```

从结果中可以看到，1 班有 3 人，2 班有 5 人。

【例 10-2】统计类型为"travel"的不同作者的"favCount"（收藏数）。

（1）使用 test 数据库中 book2 集合中的数据，如下所示。

```
test> db.book2.find().limit(3)
[
  {
    _id: 1,
    title: 'book-0',
    type: 'literature',
    tag: [ 'popular', 'mongodb' ],
    favCount: 20,
    author: { name: 'xx009', age: 20 }
  },
  {
    _id: 2,
    title: 'book-1',
    type: 'sociality',
    tag: [ 'popular', 'document' ],
    favCount: 59,
    author: { name: 'xx000', age: 31 }
  },
  {
    _id: 3,
    title: 'book-2',
    type: 'literature',
    tag: [ 'mongodb', 'mongodb' ],
    favCount: 61,
    author: { name: 'xx001', age: 32 }
```

    }
]
```

（2）统计类型为"travel"的不同作者的"favCount"，代码如下。

```
db.book2.mapReduce(
    function(){emit(this.author.name,this.favCount)},
    function(key,values){return Array.sum(values)},
    {
        query:{type:"travel"},
        out: "books_favCount"
    }
)
test>db.book2.mapReduce(
    function(){emit(this.author.name,this.favCount)},
    function(key,values){return Array.sum(values)},
    {
        query:{type:"travel"},
        out: "books_favCount"
    }
)
{ result: 'books_favCount', ok: 1 }
test> db.books_favCount.find()
[
  { _id: 'xx000', value: 263 },
  { _id: 'xx008', value: 52 },
]
```

（3）使用 aggregate 聚合管道查询也可以实现同样的效果。

```
db.book2.aggregate([
    {$match:{type:"travel"}},
    {$group:{_id:"$author.name",favCount:{$sum:"$favCount"}}}
])
```

运行结果如下。

```
test>db.book2.aggregate([
    {$match:{type:"travel"}},
    {$group:{_id:"$author.name",favCount:{$sum:"$favCount"}}}
])
[
  { _id: 'xx000', favCount: 263 },
  { _id: 'xx002', favCount: 106 }
]
```

综上所述，MapReduce 将复杂的数据处理过程抽象为简单的 Map 和 Reduce 操作，使得开发者可以更加专注于业务逻辑的实现，并有效地处理大规模数据集，具有良好的可扩展性和容错性。
```

10.2 文件存储

文件存储是指将数据以文件的形式保存在计算机系统或其他存储设备中。这是一种常见的数据存储方式，用于存储和组织各种类型的数据，包括文本、图像、音频、视频等。在文件存储中，数据被组织成一个或多个文件，每个文件都有一个唯一的文件名和相应的文件扩展名。文件的存储方式有很多种，可以存储在本地也可以存储在数据库中。

10.2.1 存储方式

文件存储不仅是数据保护和恢复的基础，还是业务连续性和数据可用性的关键保障，其重要性不言而喻。一个高效的文件存储系统能够确保数据的完整性、安全性和可访问性，为各类应用提供稳定的数据支持。

1. 存储查找路径

将文件放在本地路径（网络路径）下，再将文件的查找路径存储在数据库中，这种存储方式有以下特点。

（1）优点：节省数据库的存储空间。

（2）缺点：当数据或者文件位置发生变化时文件将丢失。

2. 存储文件本身

数据库支持二进制格式数据类型，将文件转化为二进制形式并存入数据库中，这种存储方式有以下特点。

（1）优点：数据库和文件绑定，数据库在文件即在。

（2）缺点：占用数据库空间大，存储效率低。

对于 MongoDB 数据库，如果是小文件，建议转换为二进制直接存入数据库中；如果是大文件，建议使用 GridFS 方案存储。

10.2.2 GridFS

在 MongoDB 中，GridFS 用于存储和检索超过文档大小限制（16MB）的文件。GridFS 将大文件分割成多个小的数据块（Chunk），并将这些块作为 MongoDB 中的普通文档存储。GridFS 使用两个集合（Collection）来存储文件，一个集合用于存储文件块，另一个集合用于存储文件元数据。

1. GridFS 的存储原理

GridFS 使用 chunks 集合来存储文件的数据块，每个块默认大小为 256KB。files 集合则用于存储文件的元数据，包括文件名、文件大小、上传时间等信息。通过这两个集合，GridFS 能够高效地存储和检索大文件。

GridFS 的优点在于它能够将大文件存储到 MongoDB 中，并利用 MongoDB 的分布式特性进行高效的存储和检索。同时，由于 GridFS 使用 MongoDB 的文档模型，因此可以方便地对文件进行查询和管理。

2. files 与 chunks

files 集合包含元数据对象（如文件的名称、上传的时间等），chunks 集合包含其他一些相关信息的二进制块，如图 10-1 所示。

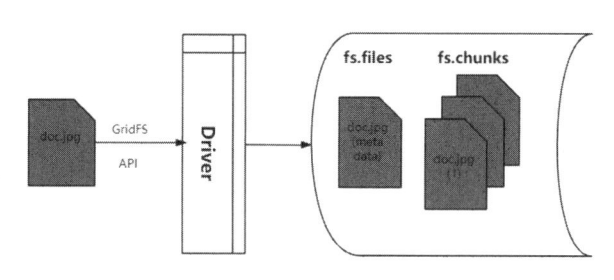

图 10-1 files 与 chunks

fs.files 集合存储文件的元数据，以类 JSON 格式存储。GridFS 每存储一个文件，就会在 fs.files 集合中生成一个文档。fs.files 集合中文档的存储内容如下。

```
{
    "_id": <ObjectId>,          # （必填）文档 ID，唯一标识
    "chunkSize": <num>,         # （必填）chunk 大小，默认为 256KB
    "uploadDate": <timestamp>,  # （必填）文件第一次上传时间
    "length": <num>,            # （必填）文件长度
    "md5": <string>,            # （必填）文件 md5 的值
    "filename": <string>,       # （可选）文件名
    "contentType":<string> ,    # （可选）文件的内容类型
    "metadata": <dataObject>    # （可选）文件自定义的信息
}
```

fs.chunks 集合存储文件内容的二进制数据，以类 JSON 格式形式存储。

GridFS 每存储一个文件，就会将文件内容按照 chunkSize 大小分成多个文件块，然后将文件按照类 JSON 格式存储到 chunks 集合中，每个文件块对应 fs.chunk 集合中的一个文档。一个存储文件会对应一到多个 chunk 文档。fs.chunks 集合中文档的存储内容如下。

```
{
    "_id": <ObjectId>,          # （必填）文档 ID，唯一标识
    "files_id": <ObjectId>,     # （必填）对应 fs.files 文档的 ID
    "n": <num>,                 # （必填）序号，表示文件的第几个 chunk
    "data": <binary>            # （必填）文件二进制数据
}
```

【例 10-3】将如图 10-2 所示的 logo.jpg 图片存储到 grid 数据库中。

图 10-2 logo.jpg

代码如下。

```
mongofiles put "D:\work\MongoDB\素材\logo.jpg"
```

运行结果如下。

```
C:\Program Files\MongoDB\Server\7.10.0\bin>mongofiles put "D:\work\MongoDB\素
材\logo.jpg"      # 存储图片
2023-12-29T16:45:35.038+0800    connected to: mongodb://localhost/
2023-12-29T16:45:35.051+0800    adding gridFile: D:\work\MongoDB\素材\logo.jpg
2023-12-29T16:45:35.096+0800    added gridFile: D:\work\MongoDB\素材\logo.jpg
C:\Program Files\MongoDB\Server\7.10.0\bin>mongofiles list
# 查看有哪些 GridFS 文件
2023-12-29T16:46:19.849+0800    connected to: mongodb://localhost/
D:\work\MongoDB\素材\logo.jpg          8557

C:\Program Files\MongoDB\Server\7.10.0\bin>mongosh
Current Mongosh Log ID: 658e8769e653dae23ef498c8
Connecting to:          mongodb://127.10.0.0.1:27017/?directConnection=
true&serverSelectionTimeoutMS=2000&appName=mongosh+1.10.6
Using MongoDB:          7.10.0.1
Using Mongosh:          1.10.6
mongosh 2.1.1 is available for download: https://www.mongodb.com/try
/download/shell

For mongosh info see: https://docs.mongodb.com/mongodb-shell/


------
   The server generated these startup warnings when booting
   2023-12-29T13:44:57.10.408+08:00: Access control is not enabled for the
database. Read and write access to data and configuration is unrestricted
   2023-12-29T13:44:57.10.408+08:00: This server is bound to localhost.
Remote systems will be unable to connect to this server. Start the server
with --bind_ip <address> to specify which IP addresses it should serve
responses from, or with --bind_ip_all to bind to all interfaces. If this
behavior is desired, start the server with --bind_ip 127.10.0.0.1 to disable
this warning
------

test> show dbs
admin    180.00 KiB
config    48.00 KiB
local     72.00 KiB
shop      40.00 KiB
stu       40.00 KiB
test       4.30 MiB
test2    176.00 KiB
test3     80.00 KiB
```

第 10 章　MapReduce 与 GridFS | 173

```
test>show collections                    # 进入MongoDB，查看存储的文件
c1
class
fs.chunks
fs.files
students
students_res
test> db.fs.files.find()
[
  {
    _id: ObjectId("658e872f808b72f0b60e9b4e"),
    length: Long("8557"),
    chunkSize: 261120,
    uploadDate: ISODate("2023-12-29T08:45:35.096Z"),
    filename: 'D:\\work\\MongoDB\\素材\\logo.jpg',
    metadata: {}
  }
]
```

10.3　项目实践：上传与下载 PDF 文件

上传 PDF 文件时，我们需要考虑文件的接收、存储位置，以及如何在数据库中记录文件信息。下载 PDF 文件时，则需要根据数据库中的记录找到对应的文件，并将其安全地传输给用户。在这个过程中，我们还需要考虑文件的命名、大小限制、格式验证等问题，以确保系统的稳定性和安全性。本实践将介绍如何在 MongoDB 项目中实现 PDF 文件的上传与下载功能。

（1）上传教学资源包中的 logo.pdf 文件到 pdf_gridfs 数据库中，代码如下。

```
mongofiles -d pdf_gridfs put "D:\mongodb\logo.pdf"
```

运行结果如下。

```
C:\Program Files\MongoDB\Server\10.0\bin>mongofiles -d pdf_gridfs put
"D:\mongodb\logo.pdf"
2024-03-01T00:12:29.098+0800    connected to: mongodb://localhost/
2024-03-01T00:12:29.112+0800    adding gridFile: D:\mongodb\logo.pdf

2024-03-01T00:12:29.228+0800    added gridFile: D:\mongodb\logo.pdf
```

（2）查看上传的文件，代码如下。

```
test> show dbs
admin         40.00 KiB
config        72.00 KiB
grade         72.00 KiB
hotel        352.00 KiB
it_like       72.00 KiB
```

```
local          72.00 KiB
pdf_gridfs    188.00 KiB
test          280.00 KiB
test> use pdf_gridfs
switched to db pdf_gridfs
pdf_gridfs> show tables
fs.chunks
fs.files
pdf_gridfs> db.fs.files.find().pretty()
[
  {
    _id: ObjectId("65e0aced1388eec8f90d0127"),
    length: Long("70233"),
    chunkSize: 261120,
    uploadDate: ISODate("2024-02-29T16:12:29.222Z"),
    filename: 'D:\\mongodb\\logo.pdf',
    metadata: {}
  }
]
```

注意观察它的 filename，下载时需要用到。

（3）下载 logo.pdf 文件到本地，代码如下。

```
C:\Program Files\MongoDB\Server\10.0\bin>mongofiles -d pdf_gridfs -l
"D:\mongodb\logo2.pdf" get "D:\mongodb\logo.pdf" --prefix=fs
2024-03-01T00:23:33.524+0800    connected to: mongodb://localhost/
2024-03-01T00:23:33.538+0800    finished writing to D:\mongodb\logo2.pdf
```

注意，参数-l 后面的地址是下载到本地时的目标地址，get 后面的地址是上传时的 filename，运行成功后，到 D:\mongodb 目录下即可看到 logo2.pdf 文件。

本章小结

本章主要介绍 MapReduce 和 GridFS 的使用。MapReduce 可以实现复杂的聚合命令，但要注意 map()函数和 reduce()函数的语法规范，GridFS 作为大文件存储系统，要根据项目需求酌情使用。结合 GridFS 存储原理，学生可以培养知识存储的能力，将知识技能应用到实际操作中。

课后习题

1. MapReduce 主要通过两个函数来实现功能，其中（　　）函数用来生成键值对序列。
   A. JSON()　　　B. map()　　　C. reduce()　　　D. emit()

2. emit()函数中的参数 value 可以使用（　　）传递。
A．dict　　　　　B．int　　　　　C．JSON　　　　　D．string
3．（　　）将文件分解成块，每块数据保存在不同的文档中。
A．Files　　　　B．block　　　　C．map　　　　　D．GridFS
4．将文件分解成块，每块数据保存在不同的文档中，其中每块大小默认为（　　）。
A．200KB　　　　B．256KB　　　　C．500KB　　　　D．300KB
5．GridFS 使用两个集合存储文件，一个集合是（　　），另一个集合是（　　）。
A．chunks　　　　B．files　　　　C．block　　　　D．document

项目实训

使用 MapReduce 统计出每个学生 level 为 A 的成绩的总和。

准备数据如下。

```
students> use stu
switched to db stu
stu> db.students.insertOne({name:"张三",course:"英语",score:70,level:"C"})
stu> db.students.insertOne({name:"张三",course:"数学",score:95,level:"A"})
stu> db.students.insertOne({name:"张三",course:"语文",score:91,level:"A"})
stu> db.students.insertOne({name:"张三",course:"历史",score:98,level:"A"})
stu> db.students.insertOne({name:"李四",course:"数学",score:88,level:"B"})
stu> db.students.insertOne({name:"李四",course:"英语",score:93,level:"A"})
stu> db.students.insertOne({name:"李四",course:"语文",score:99,level:"A"})
```

第 11 章 客户端软件

◎ 学习导读

除了可以通过 MongoDB Shell 输入指令操作 MongoDB，还可以通过 MongoDB 官方及第三方软件公司推出的一系列客户端软件操作 MongoDB。本章主要介绍官方推荐的 MongoDB Compass、Studio 3T，以及 NoSQL Manager 软件的使用方法。

◎ 知识目标

掌握客户端软件的安装
掌握 MongoDB Compass 的使用
熟悉其他客户端软件

◎ 素养目标

培养分析问题的能力
培养勇于探索的能力

11.1 MongoDB Compass

MongoDB Compass 是 MongoDB 官网的客户端软件，是一个集创建数据库、管理集合和文档、运行临时查询、评估和优化查询、构建地理查询等功能于一体的 MongoDB 可视化管理工具。可以在 Compass 中直接创建新的数据库和集合，进行文档插入、查询和删除等操作。

MongoDB Compass 的安装和使用相对简单，支持在 macOS、Windows 和 Linux 操作系统上运行。在前面第 5 章安装 MongoDB 服务时已经同时安装了 MongoDB Compass，如果当时没有选择安装，可以从官网单独下载安装。安装完成后输入数据库的连接信息（包括主机名、端口号、认证信息等）即可开始使用。

（1）进入 MongoDB 官网，单击左侧"Tools"下拉列表中的"MongoDB Compass(GUI)"选项，再单击"Download"按钮下载 Compass，如图 11-1 所示。

（2）双击安装包进行安装，安装成功后打开软件。第一次打开时，"URL"文本框中会直接显示连接地址，单击"Connect"按钮，就可以连接数据库了，如图 11-2 所示。

（3）连接成功后如图 11-3 所示。

（4）左侧的"Databases"选区中都是数据库，选择其中一个数据库并单击，如图 11-4 所示。

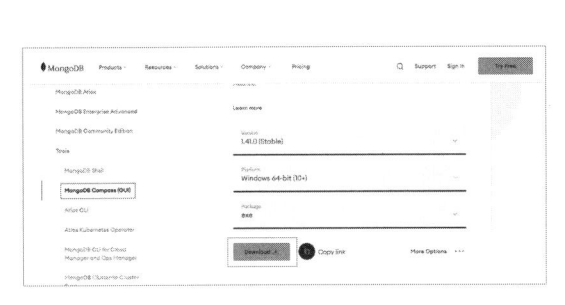

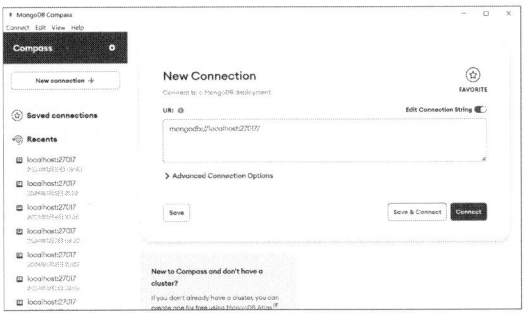

图 11-1　下载 Compass

图 11-2　连接数据库

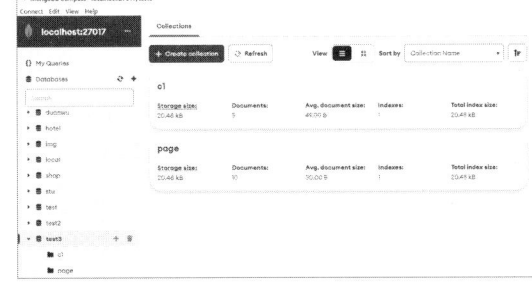

图 11-3　连接成功

图 11-4　单击数据库

（5）单击数据库"test3"，在右侧显示该数据库中的集合"c1"和"page"。再单击集合就会显示该集合的数据，如图 11-5 所示。

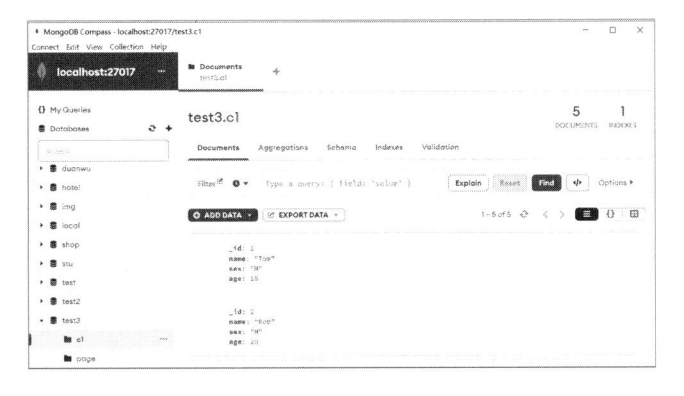

图 11-5　单击集合

11.1.1　创建数据库

在 Compass 中创建数据库比较简单，只需要填写数据库和集合的名称。以下是创建数据库的步骤。

（1）单击"Databases"选项旁边的"+"号，如图 11-6 所示。

（2）在弹出的对话框中输入数据库名称和集合名称，单击"Create Database"按钮，如图 11-7 所示。

图 11-6　单击"+"号

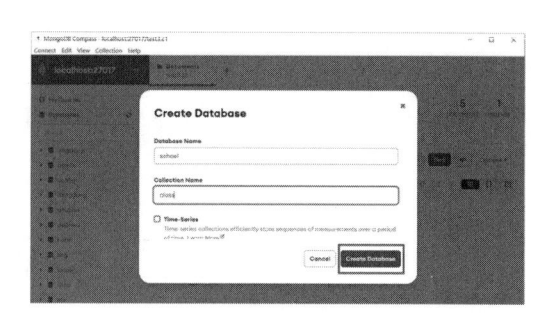

图 11-7　创建数据库与集合

这样数据库和集合就创建成功了。

11.1.2　增加数据

在 Compass 中添加数据最快的方式是直接导入数据，如果需要添加单条数据，一定要注意数据的格式，格式不正确时会无法添加。以下是添加数据的步骤。

（1）在刚才创建的 class 集合中，单击"ADD DATA"按钮，添加数据，如图 11-8 所示。

图 11-8　添加数据

（2）添加数据有 Import 和 Insert 两种方式。采用 Import 方式时，直接选择 JSON 格式或者 CSV 格式的文件即可；采用 Insert 方式时，则需要自己手动输入，如图 11-9 所示。

（3）输入完成后单击"Insert"按钮，添加数据成功。当输入数据语法有错误时，"Insert"按钮是灰色的，不能点，需要语法全部正确才能添加数据。如果觉得{}的方式不方便看到数据类型，也可以在右上角单击{}旁边的按钮，改变输入模式，如图 11-10 所示。

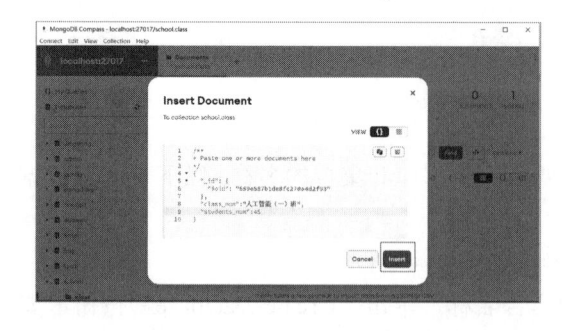

图 11-9　采用 Insert 方式添加数据

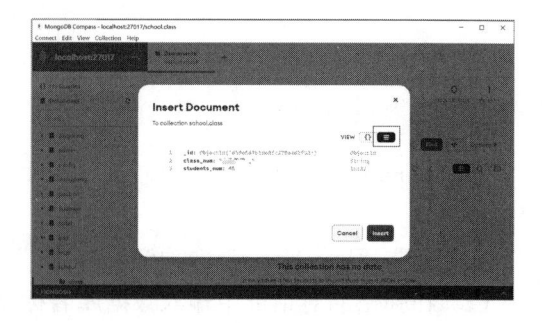

图 11-10　改变输入模式

同理，输入完成后单击"Insert"按钮即可添加数据。

11.1.3 修改与删除数据

在 Compass 中修改数据非常简单，找到要修改的数据并单击，就可以进行修改，修改完成后单击"UPDATE"按钮，如图 11-11 所示。

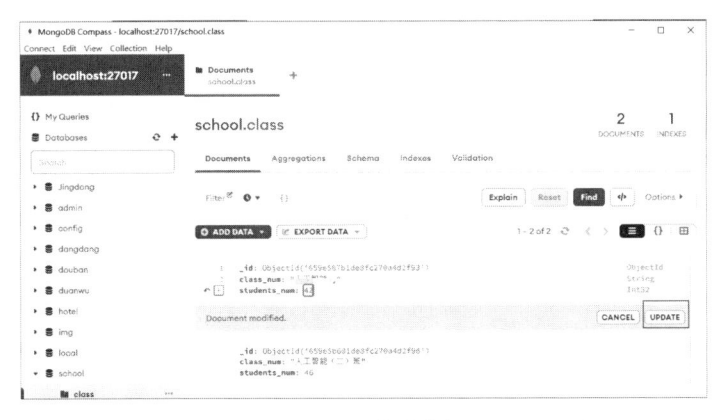

图 11-11　修改数据

删除数据时将鼠标移动到要删除数据的右上角，就会出现删除图标，单击即可删除。

11.1.4 查询数据

Compass 查询数据与 MongoDB Shell 类似，都需要明确查询的条件，并且条件需要手动编辑，以下是按条件查询数据的步骤。

（1）在"Filter"选项旁边的文本框中写明查询条件，单击"Find"按钮，如图 11-12 所示。

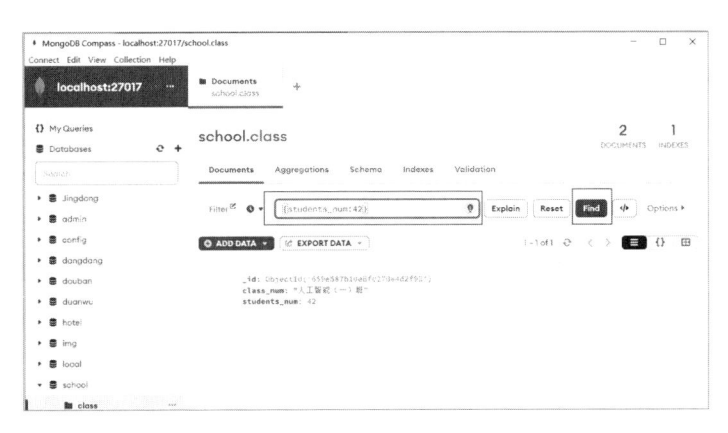

图 11-12　查询数据

（2）如果是更复杂的查询，则需要单击"Aggregations"选项卡，启用聚合查询，如图 11-13 所示。

图 11-13　聚合查询

（3）这里以 stu 数据库为例，单击"Add Stage"按钮，添加聚合操作，如图 11-14 所示。

在 Stage1 下拉列表中选择要聚合的操作"$limit"，设置 limit 的值为 2，右侧为查询结果，如果还有其他聚合操作，则继续单击"Add Stage"按钮即可。

图 11-14　添加聚合操作

11.1.5　查询执行计划

在 Compass 中也有查询执行计划的功能，用于检查语句或查看查询所需的时间，类似于 MongoDB Shell 中 explain()函数的用法。以下是查询执行计划的步骤。

（1）在 t1 集合中查询 name 为"test999"的数据，输入条件完成后，单击"Find"按钮，显示符合条件的数据，如图 11-15 所示。

（2）单击图 11-15 中的"Explain"按钮查询执行计划，弹出如图 11-16 所示的界面。

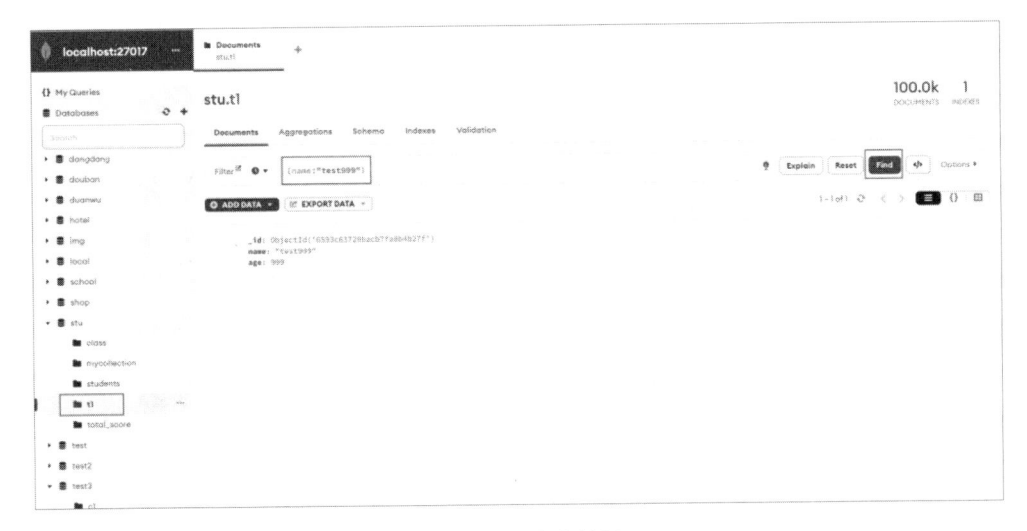

图 11-15 查询数据

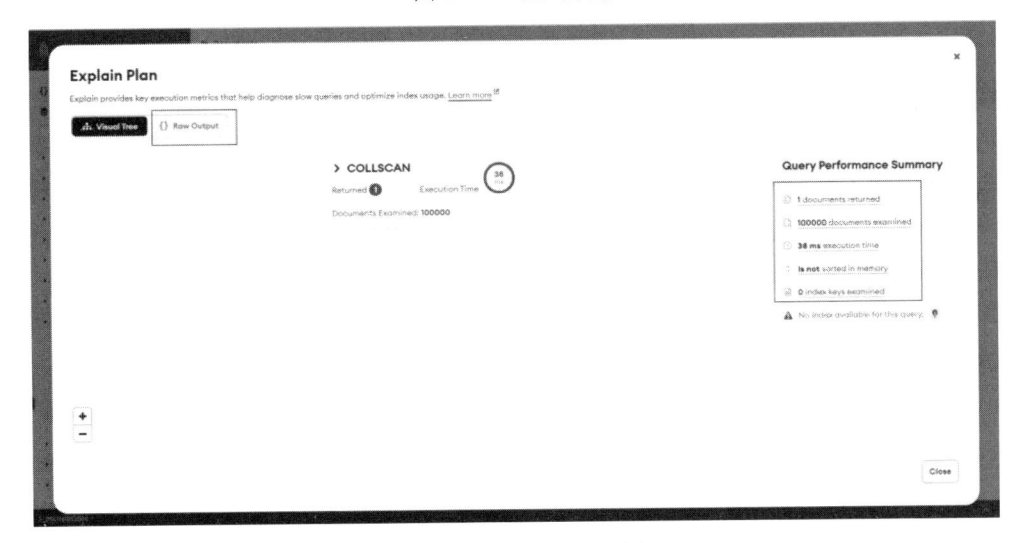

图 11-16 查询执行计划

在界面右侧可以查看计划总览。

① 1 documents returned：1 条返回文档。

② 100000 documents examined：文档总数 100000。

③ 38 ms execution time：执行时间 38ms。

④ 0 index keys examined：0 个使用索引查询返回的文档。

更多详细参数单击左侧的"Row Output"按钮可以查看。

11.1.6 监控

Compass 的监控是可视化的页面，可以动态查看数据库目前的性能及状况。

单击"Databases"选项，将上方的选项卡切换到"Performance"，即可观察到数据的情况，如图 11-17 所示。

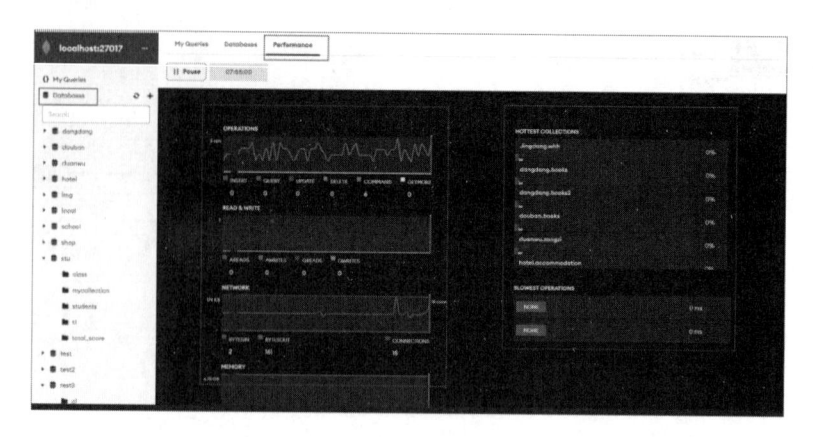

图 11-17　监控

11.2　Studio 3T

Studio 3T 是一款专业的 IDE、客户端和 GUI 工具，专为 MongoDB 设计。它的前身为 MongoChef，MongoChef 起初作为 Robo 3T 的专业版本，是 3T Software Labs 旗下的产品。但随着版本不断更新发展，Studio 3T 免费版取代了 MongoChef 和 Robo 3T。

（1）访问 Studio 3T 官网，选择适合自己系统的版本并下载，如图 11-18 所示。

（2）安装成功后就可以开始使用，但是该软件只能免费使用 30 天，30 天之后会关闭进阶功能，只剩下基础功能。首次打开软件需要登录，会自动弹出登录页面，输入账号和密码（没有账号的需要先注册）。登录成功后，弹出如图 11-19 所示的界面。

图 11-18　下载 Studio 3T　　　　图 11-19　登录成功

（3）软件主界面如图 11-20 所示。

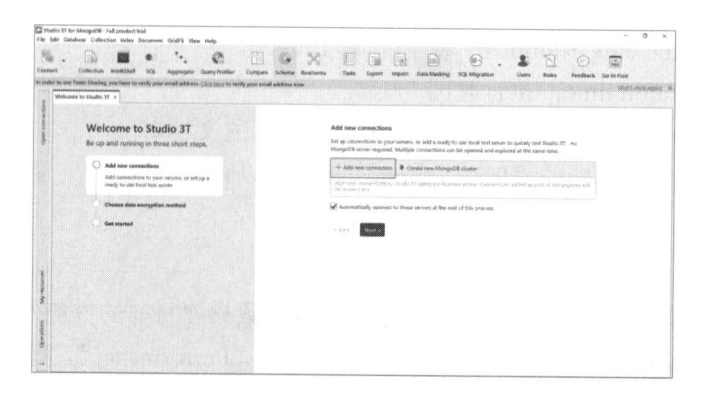

图 11-20　软件主界面

（4）单击"Add new connection"选项添加连接，连接到数据库。在"Connection name"文本框中输入连接名称，在"Server"文本框中输入连接地址，单击"Test Connection"按钮测试连接是否成功，单击"Save"按钮进行保存，如图 11-21 所示。

（5）连续单击"下一步"按钮，直至打开数据库，如图 11-22 所示。

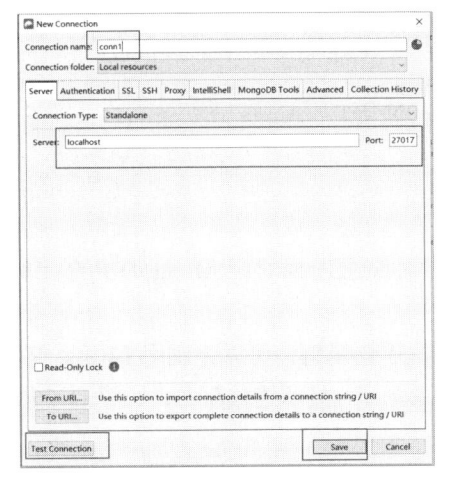

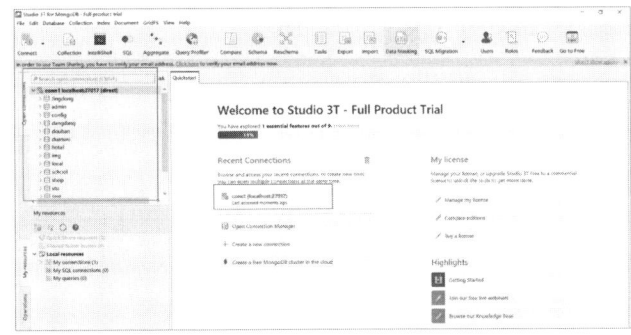

图 11-21　连接数据库　　　　　　　　　图 11-22　打开数据库

（6）界面左侧为所有数据库列表，选择 stu 数据库，打开它的 class 集合，如图 11-23 所示。

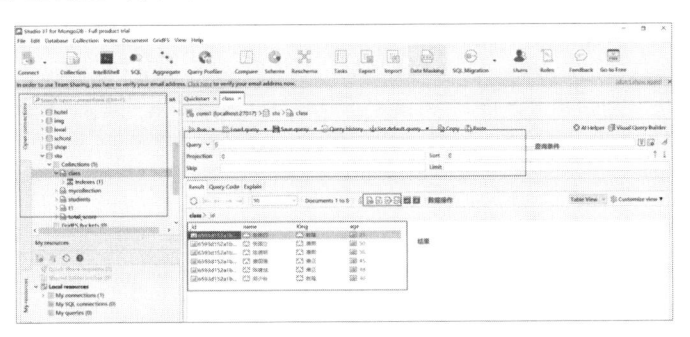

图 11-23　打开集合

在界面右侧可以进行数据的增删改查操作并查看结果。

11.3　NoSQL Manager

　　NoSQL Manager 是一款管理和维护 MongoDB 数据库的客户端和 GUI 工具。它提供了丰富的功能和直观的界面，使用户可以更加方便地管理和操作 MongoDB 数据库。通过 NoSQL Manager，用户可以轻松地连接到 MongoDB 服务器，并执行各种数据库操作。它可以显示数据库的结构，包括集合、文档和索引等，方便用户进行查看和编辑。此外，该工具还支持复杂的查询操作，用户可以通过简单的界面操作构建查询语句，而无须编写烦琐的命令行代码。

1. NoSQL Manager 的特点

NoSQL Manager 具有以下特点。

（1）直观易用的界面，方便用户使用。

（2）全面的数据库管理，用户可以查看和管理数据库的结构。

（3）提供可视化的查询构建器，用户可以通过简单的拖动和点击操作来构建复杂的查询语句。

（4）支持多种数据格式的导入和导出，如 CSV、JSON 等。

2. NoSQL Manager 的安装

下面开始安装使用 NoSQL Manager。

（1）访问 NoSQL Manager 官网并下载安装包，下载时注意选择对应 MongoDB 的版本，如图 11-24 所示。

（2）下载成功后，安装即可，安装步骤比较简单，这里不再讲解，可以先试用 14 天。打开软件之后可以选择自己喜欢的界面风格。单击 "Connect to Server" 按钮连接服务，如图 11-25 所示，弹出设置连接的窗口，如图 11-26 所示。

（3）设置完成后，单击 "Test Connection" 按钮测试连接是否有问题，若没问题则单击 "OK" 按钮打开如图 11-27 所示的数据库界面。

（4）界面左侧是数据库列表，之前创建的数据库都在，说明连接成功。在列表中单击集合和文档就可以在界面右侧进行相应的数据操作，如图 11-28 所示。

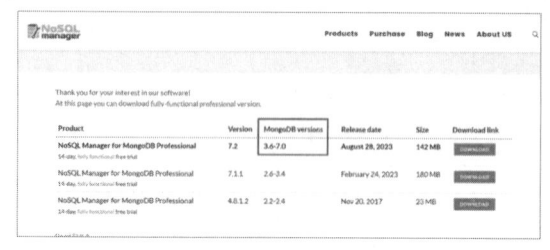

图 11-24　下载安装包

图 11-25　单击 "Connect to Server" 按钮

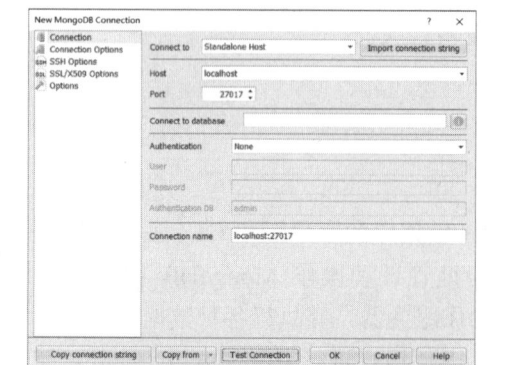

图 11-26　设置连接的窗口

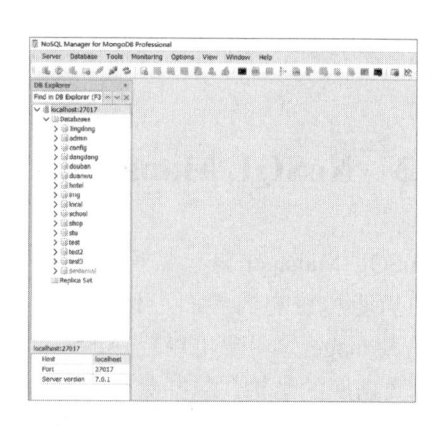

图 11-27　数据库界面

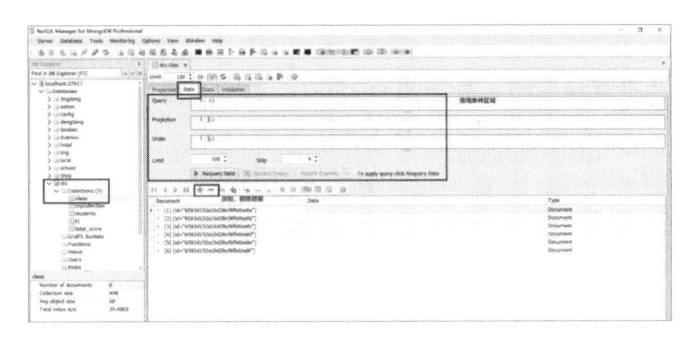

图 11-28　数据操作

11.4　项目实践：使用 Compass 完成增删改查综合练习

本项目主要通过 Compass 实现对数据的添加，包括添加一条数据、导入数据，以及对已有数据的修改、查询、删除，综合练习使用 Compass。

1）添加数据

（1）添加一条数据。在 test 数据库中创建 mycollection 集合，添加一条数据，姓名为"鲁智深"，年龄为 30 岁，如图 11-29 所示。

（2）添加多条数据。在 test 数据库中创建 book1 集合，导入教学资源包中 test.bookshop.json 文件的数据，如图 11-30 所示。

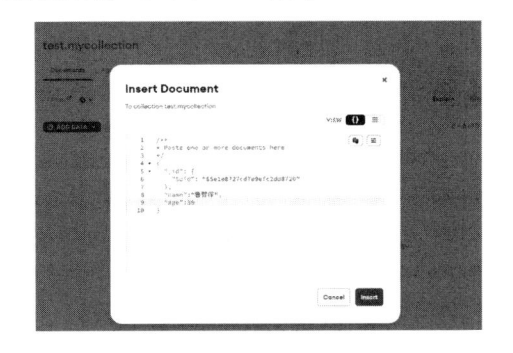

图 11-29　添加一条数据 　　　　　　　　图 11-30　导入数据

导入成功后如图 11-31 所示。

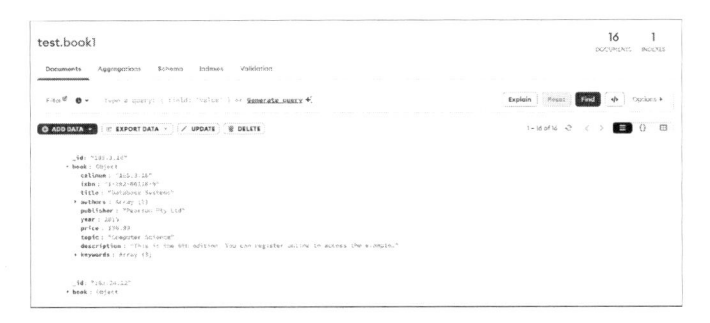

图 11-31　数据导入成功

2）修改数据

（1）将姓名为"鲁智深"的年龄修改为 35 岁，如图 11-32 所示。

图 11-32　修改数据

（2）修改完成后单击"UPDATE"按钮，确认修改数据。

3）查询数据

查询 book1 集合中价格大于 100 元的数据，如图 11-33 所示。

图 11-33　查询数据

4）删除数据

（1）删除 book1 集合中的第一条数据。单击第一条数据右侧的删除按钮，如图 11-34 所示。

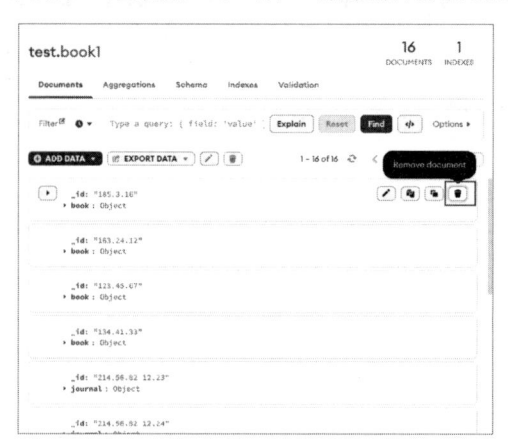

图 11-34　删除一条数据

（2）删除整个集合。右击左侧数据库栏中的 book1 集合，在弹出的菜单列表中选择"Drop collection"选项，如图 11-35 所示。

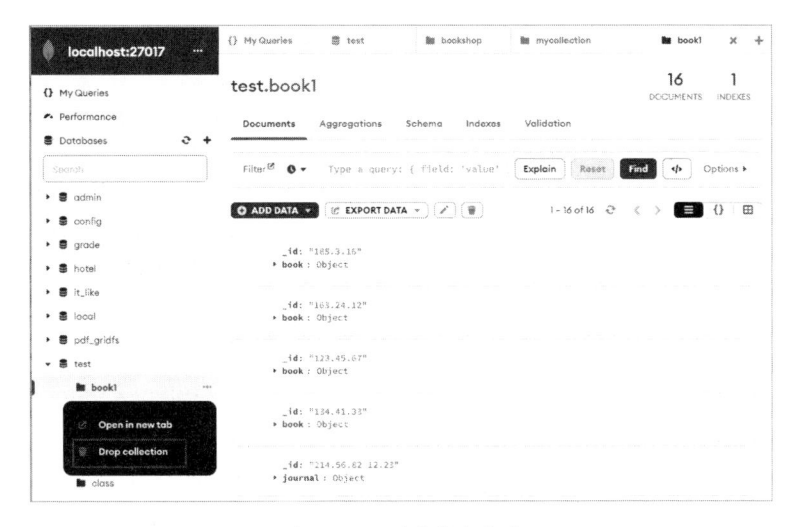

图 11-35　删除整个集合

本章小结

本章介绍了 MongoDB 的多个可视化软件，其中 MongoDB Compass 是官方推荐的 GUI 工具，功能齐全且免费。其他第三方软件各有优点，操作上更方便，但是需要付费购买。使用时应根据自己的使用习惯及具体项目要求，选取合适的工具。

通过本章学习，学生能够进一步建立专业自信，树立职业理想，充分调动学习积极性，提高学习效率。

课后习题

1．创建并进入 it_like 数据库。
2．向数据库的 colleges 集合中插入六个文档（Html5、Java、Python、区块链、K12、<PHP,"世界上最好的语言">）。
3．查询 colleges 集合中的文档。
4．向数据库的 colleges 集合中插入一个文档（Golang）。
5．统计数据库 colleges 集合中的文档数量。

项目实训

使用 it_like 数据库完成如下操作。

```
test> use it_like
switched to db it_like
it_like> db.colleges.find({},{_id:0})
[
  { name: 'Html5' },
  { name: 'Java' },
  { name: 'Python' },
  { name: '区块链' },
  { name: 'K12' },
  { name: 'PHP', intro: '世界上最好的语言' },
  { name: 'Golang' }
]
```

1. 查询数据库 colleges 集合中 name 为 "Html5" 的文档。

2. 向数据库 colleges 集合中 name 为 "Html5" 的文档中添加一个 intro 属性，属性值为 "打通全栈任督二脉！"。

3. 使用 "{name:"大数据"}" 替换 name 为 "K12" 的文档。

4. 删除 name 为 "PHP" 的文档的 intro 属性。

5. 向 name 为 "Html5" 的文档中添加属性，内容为 "classes:{base:["h5+c3","js","jQuery","abc"] , core:["三大框架","node.js"]}"。

第12章　Python 与 MongoDB

◎ 学习导读

用 Python 操作 MongoDB 简单方便，无须定义表结构就可以直接将数据插入。使用 pymongo 模块，可以实现 MongoDB 与 Python 的交互，能够从数据库中读取数据，并对其进行修改和删除，也可以使用函数、索引等操作。

◎ 知识目标

掌握用 Python 连接数据库的操作
掌握用 Python 实现数据的增删改查
掌握在 Python 中使用索引、聚合、GridFS

◎ 素养目标

培养知识扩展的能力
培养团队协作的精神

12.1　连接 MongoDB 数据库

用 Python 操作 MongoDB 数据库时，需要查看数据库是否有权限验证，并且在连接数据库时需要导入外部库 pymongo。

先打开 Python，然后在 Python 环境中执行如下命令安装 pymongo。

```
pip install pymongo
```

在使用时导入 pymongo 的命令如下。

```
import pymongo
```

连接数据库时的权限验证方式分为无须权限认证方式和有权限认证方式，在例题 12-1 和 12-2 中分别展示。

【例 12-1】无须权限认证方式。

```
import pymongo
mon_client = pymongo.MongoClient("Mongodb://localhost:27017")
print(myclient.list_database_names())
```

运行结果如下。

```
['admin', 'config', 'local', 'shop', 'stu', 'test', 'test2', 'test3']
```

或者使用分开参数的方式。

```
import pymongo
mon_client = pymongo.MongoClient('localhost',27017)
print(myclient.list_database_names())
```

运行结果如下。

```
['admin', 'config', 'local', 'shop', 'stu', 'test', 'test2', 'test3']
```

【例 12-2】有权限认证方式，需要先选择 admin 数据库，然后添加用户名和密码。

```
import pymongo
myclient = pymongo.MongoClient('localhost', 27017)
db = mon_client.admin
db.authenticate('admin', 'admin888')      # 用户名：admin    密码：admin888
```

在连接数据库时既可以使用"[ ]"写入数据或集合的名称，也可以使用"."加数据库或集合名称的方式指定。

```
mon_db = mon_client['stu']                # 选择数据库
mon_col = mon_db['students']              # 选择集合
mon_db = mon_client.stu                   # 选择数据库
mon_col = mon_db.students                 # 选择集合
```

12.2 增删改查操作

增删改查，即增加、删除、修改和查询，是数据库操作的四大基础功能，也是编程语言与数据库交互时不可或缺的核心内容。在 Python 中，与数据库进行交互时，这四大操作同样至关重要，是必须掌握的内容。

12.2.1 增加数据

1. 增加一条数据

使用 Insert_one()函数可以增加一条数据。向集合中增加数据时，需要先把要插入的数据准备好，然后将数据整理成键值对（Key:Value）的形式。

【例 12-3】增加一条数据，id 为"001"，name 为"张三"，age 为"10"。

```
stu1={'id':'001','name':'张三','age':10}
result = mon_col.insert_one(stu1)
print(result)
```

运行结果如下。

```
<pymongo.results.InsertOneResult object at 0x000002035BFC7EC0>
```

2. 增加多条数据

使用 insert_many()函数可以同时增加多条数据，参数为数据列表。

【例 12-4】 增加多条学生数据。

```
stu2={'id':'002','name':'李四','age':15}
stu3={'id':'003','name':'王五','age':20}
result = mon_col.insert_many([stu2,stu3])
print(result)
```

运行结果如下。

```
<pymongo.results.InsertManyResult object at 0x00000294DAC79400>
```

12.2.2 删除数据

1. 删除一条数据

删除一条数据可以使用 delete_one()函数。如果有符合条件的多条数据,则只删除符合条件的第一条数据。

【例 12-5】 删除姓名为"张三"的数据。

```
result = mon_col.delete_one({"name":"张三"})
```

2. 删除多条数据

删除多条数据可以使用 delete_many()函数。删除时参数可以是包含条件运算符的条件表达式,也可以是固定的值。

【例 12-6】 删除年龄小于 18 岁的数据。

```
result = mon_col.delete_many({"age":{'$lt':18}})
```

【例 12-7】 删除所有姓名为"张三"的数据。

```
result = mon_col.delete_many({"name":"张三"})
```

12.2.3 修改数据

修改数据可以使用 update()函数。但在 pymongo 中,官方推荐使用 update_one()函数完成单条数据的修改,使用 update_many()函数完成多条数据的修改。其中,update_one()函数的第 2 个参数需要使用$类型操作符作为数据的键名。另外,添加"upsert=True"时,表示如果要修改的数据不存在,就增加此数据。

【例 12-8】 修改"王五"的年龄为 18 岁。

```
condition = {'name': '王五'}
res = mon_col.find_one(condition)
res['age'] = 18
result = mon_col.update_one(condition, {'$set': res})
print(result)
```

运行结果如下。

```
<pymongo.results.UpdateResult object at 0x000002BBF00F4D80>
```

也可以使用 result 的属性获得匹配的数据条数、影响的数据条数。

```
print(result.matched_count,result.modified_count)
```
运行结果如下。
```
1 1
```
【例12-9】修改"Tom"的年龄为20岁，如果没有此条数据，就新增一条。
```
result=mon_col.update_one({'name': 'Tom'},{'$set': {'age': 20}},upsert=True)
print(result)
print(result.matched_count,result.modified_count)
```
运行结果如下。
```
<pymongo.results.UpdateResult object at 0x000001592B041800>
0 0
```
因为没有符合条件的数据，所以运行结果匹配到的数据条数为0，所以受影响的行数也为0，并且新增了这条数据。

【例12-10】修改"李四"的所有成绩为100。
```
condition = {'name': '李四'}
res = mon_col.find_one(condition)
result = mon_col.update_many(condition, {'$set':{'score':100}})
print(result)
print(result.matched_count,result.modified_count)
```
运行结果如下。
```
<pymongo.results.UpdateResult object at 0x000002892CDE5BC0>
3 3
```

12.2.4 查询数据

通过 Python 查询数据，我们可以快速、准确地获取所需的信息，为业务决策、数据分析或机器学习等提供有力支持。同时，Python 的灵活性和可扩展性也使得查询操作更加高效。

1. 查找全部数据

find()函数用于查找全部数据，返回所有满足条件的结果。如果条件为空，则返回全部结果，结果是一个 Cursor 游标可迭代对象类型。

【例12-11】查询 students 集合中的所有数据。
```
res = mon_col.find()
for n in res:
    print(n)
```
运行结果如下。
```
{'_id': ObjectId('658e8baee653dae23ef498cd'), 'name': '李四', 'course': '数学', 'score': 100, 'level': 'B'}
{'_id': ObjectId('658e8bdae653dae23ef498ce'), 'name': '李四', 'course': '英语', 'score': 100, 'level': 'A'}
{'_id': ObjectId('658e8bfbe653dae23ef498cf'), 'name': '李四', 'course': '语文', 'score': 100, 'level': 'A'}
```

{'_id': ObjectId('6593ab9c8fa6e02d542e8b25'), 'id': '003', 'name': '王五', 'age': 18}

2. 查找一条数据

find_one()函数用于查找一条数据，如果条件为空，则返回第一条。

【例 12-12】 查询姓名是"王五"的数据。

```
res=mon_col.find_one({"name":"王五"})    #查找一条数据
print(res)
```

运行结果如下。

{'_id': ObjectId('6593ab9c8fa6e02d542e8b25'), 'id': '003', 'name': '王五', 'age': 18}

12.2.5 其他常用函数

在 Python 中，使用 pymongo 库与 MongoDB 进行交互时，除了基本的连接、查询、插入、更新和删除操作，还可以使用其他常用函数进一步扩展和优化数据操作。这些函数提供了对 MongoDB 数据库更深层次的控制和操作，使开发者能够更灵活地处理数据。

1. limit()函数

limit()函数用于获取集合的前 n 条数据。

【例 12-13】 获取 students 集合中的前两条数据。

```
res=mon_col.find().limit(2)
for n in res:
    print(n)
```

运行结果如下。

{'_id': ObjectId('658e8baee653dae23ef498cd'), 'name': '李四', 'course': '数学', 'score': 100, 'level': 'B'}
{'_id': ObjectId('658e8bdae653dae23ef498ce'), 'name': '李四', 'course': '英语', 'score': 100, 'level': 'A'}

2. skip()函数

skip()函数用于跳过前 n 条数据。

【例 12-14】 跳过 students 集合的前两条数据。

```
res=mon_col.find().skip(2)
for n in res:
    print(n)
```

运行结果如下。

{'_id': ObjectId('658e8bfbe653dae23ef498cf'), 'name': '李四', 'course': '语文', 'score': 100, 'level': 'A'}
{'_id': ObjectId('6593ab9c8fa6e02d542e8b25'), 'id': '003', 'name': '王五', 'age': 18}

3. count_documents()函数

count_documents()函数用于统计文档的数量。

【例 12-15】统计 students 集合中文档的数量。

```
res=mon_col.count_documents({})
print(res)
```

运行结果如下。

```
4
```

4. sort()函数

sort()函数用于将数据排序,参数中 1 为正序,-1 为倒序。

【例 12-16】按成绩正序排序。

```
res=mon_col.find().sort([('score',1)])
for n in res:
    print(n)
```

运行结果如下。

```
{'_id': ObjectId('6593ab9c8fa6e02d542e8b25'), 'id': '003', 'name': '王五', 'age': 18}
{'_id': ObjectId('658e8bfbe653dae23ef498cf'), 'name': '李四', 'course': '语文', 'score': 89, 'level': 'A'}
{'_id': ObjectId('658e8bdae653dae23ef498ce'), 'name': '李四', 'course': '英语', 'score': 99, 'level': 'A'}
{'_id': ObjectId('658e8baee653dae23ef498cd'), 'name': '李四', 'course': '数学', 'score': 100, 'level': 'B'}
```

【例 12-17】按成绩倒序排序。

```
res=mon_col.find().sort([('score',-1)])
for n in res:
    print(n)
```

运行结果如下。

```
{'_id': ObjectId('658e8baee653dae23ef498cd'), 'name': '李四', 'course': '数学', 'score': 100, 'level': 'B'}
{'_id': ObjectId('658e8bdae653dae23ef498ce'), 'name': '李四', 'course': '英语', 'score': 99, 'level': 'A'}
{'_id': ObjectId('658e8bfbe653dae23ef498cf'), 'name': '李四', 'course': '语文', 'score': 89, 'level': 'A'}
{'_id': ObjectId('6593ab9c8fa6e02d542e8b25'), 'id': '003', 'name': '王五', 'age': 18}
```

5. next()函数

next()函数用于读取下一条数据。注意,如果通过 for()函数或 next()函数操作了游标对象,就不能再调用 limit()函数、skip()函数、sort()函数。

【例 12-18】使用 next()函数读出 students 集合中的所有数据。

```
data=mon_col.find()
for i in range(4):              # 循环次数可依据要查看的数据量确定
    print(data.next())
```

运行结果如下。

```
{'_id': ObjectId('658e8baee653dae23ef498cd'), 'name': '李四', 'course':
'数学', 'score': 100, 'level': 'B'}
{'_id': ObjectId('658e8bdae653dae23ef498ce'), 'name': '李四', 'course':
'英语', 'score': 99, 'level': 'A'}
{'_id': ObjectId('658e8bfbe653dae23ef498cf'), 'name': '李四', 'course':
'语文', 'score': 89, 'level': 'A'}
{'_id': ObjectId('6593ab9c8fa6e02d542e8b25'), 'id': '003', 'name': '王五',
'age': 18}
```

6. find_one_and_delete()函数

find_one_and_delete()函数用于查找并删除符合条件的数据。

【例 12-19】查找出姓名为"王五"的数据,并将其删除。

```
mon_col.find_one_and_delete({'name':'王五'})
result = mon_col.find_one_and_delete({'name': '王五'})
print(result)
```

运行结果如下,返回被删除的数据

```
{'_id': ObjectId('6593ab9c8fa6e02d542e8b25'), 'id': '003', 'name': '王五',
'age': 18}
```

12.3 索引与聚合操作

索引与聚合操作在 MongoDB 中各自扮演着重要的角色,它们共同提高了数据库查询和处理的效率。为方便后续使用,首先准备数据。

在 MongoDB Shell 中执行如下代码。

```
for(i=0;i<100000;i++){db.t1.insertOne({name:'test'+i,age:i})}
```

或者在 Python 中执行如下代码。

```
for i in range(100000):
    mon_db.t1.insert_one({'name':'test'+str(i),'age':i})
```

以上两种方法都可以实现增加数据,选择其中一种即可,下面显示查询操作的代码。

```
res=mon_db.t1.find({'name':'test10000'}).explain()
print(res)
```

部分运行结果如下。

```
{'explainVersion': '2',......, 'executionStats': {'executionSuccess': True,
'nReturned': 1, 'executionTimeMillis': 29, 'totalKeysExamined': 0,
```

```
'totalDocsExamined': 100000, 'executionStages': {'stage': 'filter',
'planNodeId': 1, 'nReturned': 1, 'executionTimeMillisEstimate': 29, 'opens':
1, 'closes': 1, 'saveState': 100, 'restoreState': 100, 'isEOF': 1,
'numTested': 100000, 'filter': 'traverseF(s4, lambda(l1.0) { ((l1.0 == s7) ?:
false) }, false) ', 'inputStage': {'stage': 'scan', 'planNodeId': 1,
'nReturned': 100000, 'executionTimeMillisEstimate': 29, 'opens': 1, 'closes':
1, 'saveState': 100, 'restoreState': 100, 'isEOF': 1, 'numReads': 100000,
'recordSlot': 5, 'recordIdSlot': 6, 'fields': ['name'], 'outputSlots': [4]}},
'allPlansExecution': []}, 'command': {'find': 't1', 'filter': {'name':
'test10000'}, '$db': 'stu'}, 'serverInfo': {'host': 'MM-202204180838',
'port': 27017, 'version': '7.0.1', 'gitVersion':
'425a0454d12f2664f9e31002bbe4a386a25345b5'}, 'serverParameters':
{'internalQueryFacetBufferSizeBytes': 104857600,
'internalQueryFacetMaxOutputDocSizeBytes': 104857600,
'internalLookupStageIntermediateDocumentMaxSizeBytes': 104857600,
'internalDocumentSourceGroupMaxMemoryBytes': 104857600,
'internalQueryMaxBlockingSortMemoryUsageBytes': 104857600,
'internalQueryProhibitBlockingMergeOnMongoS': 0,
'internalQueryMaxAddToSetBytes': 104857600,
'internalDocumentSourceSetWindowFieldsMaxMemoryBytes': 104857600,
'internalQueryFrameworkControl': 'trySbeEngine'}, 'ok': 1.0}
```

没有索引时,观察它的执行时间 executionTimeMillis 和检查文档总数 totalDocsExamined,与创建索引后的两者进行对比。

12.3.1 创建索引

在 MongoDB 中,索引用于提高查询性能,允许数据库系统更快地定位到包含特定值的文档。使用 Python 和 pymongo 库,可以很容易地为 MongoDB 集合创建索引。索引的创建和在 MongoDB Shell 中的创建一致,都会有默认_id。

【例 12-20】给姓名列创建索引,并查看查询操作的详细信息。

```
myset=mon_db['t1']                    # 选择数据库
myset.create_index('name')            # 给姓名列创建索引
res=myset.list_indexes()              # 查看已经创建的索引
for x in res:
    print(x)
```

运行结果如下。

```
SON([('v', 2), ('key', SON([('_id', 1)])), ('name', '_id_')])
SON([('v', 2), ('key', SON([('name', 1)])), ('name', 'name_1')])    #创建的索引
```

查询数据,并显示查询操作的详细信息。

```
res=myset.find({'name':'test10000'}).explain()
print(res)
```

部分运行结果如下。

```
{'explainVersion': '2',..., 'executionStats': {'executionSuccess': True,
```

```
'nReturned': 1, 'executionTimeMillis': 0, 'totalKeysExamined': 1,
'totalDocsExamined': 1, 'executionStages': {'stage': 'nlj', 'planNodeId': 2,
'nReturned': 1, 'executionTimeMillisEstimate': 0, 'opens': 1, 'closes': 1,
'saveState': 0, 'restoreState': 0, 'isEOF': 1, 'totalDocsExamined': 1,
'totalKeysExamined': 1, 'collectionScans': 0, 'collectionSeeks': 1,
'indexScans': 0, 'indexSeeks': 1, 'indexesUsed': ['name_1'], 'innerOpens': 1,
'innerCloses': 1, 'outerProjects': [], 'outerCorrelated': [4, 7, 8, 9, 10],
'outerStage': {'stage': 'cfilter', 'planNodeId': 1, 'nReturned': 1,
'executionTimeMillisEstimate': 0, 'opens': 1, 'closes': 1, 'saveState': 0,
'restoreState': 0, 'isEOF': 1, 'numTested': 1, 'filter': '(exists(s5) &&
exists(s6)) ', 'inputStage': {'stage': 'ixseek', 'planNodeId': 1,
'nReturned': 1, 'executionTimeMillisEstimate': 0, 'opens': 1, 'closes': 1,
'saveState': 0, 'restoreState': 0, 'isEOF': 1, 'indexName': 'name_1',
'keysExamined': 1, 'seeks': 1, 'numReads': 2, 'indexKeySlot': 9,
'recordIdSlot': 4, 'snapshotIdSlot': 7, 'indexIdentSlot': 8, 'outputSlots':
[], 'indexKeysToInclude': '00000000000000000000000000000000', 'seekKeyLow':
's5 ', 'seekKeyHigh': 's6 '}}, 'innerStage': {'stage': 'limit', 'planNodeId':
2, 'nReturned': 1, 'executionTimeMillisEstimate': 0, 'opens': 1, 'closes': 1,
'saveState': 0, 'restoreState': 0, 'isEOF': 1, 'limit': 1, 'inputStage':
{'stage': 'seek', 'planNodeId': 2, 'nReturned': 1,
'executionTimeMillisEstimate': 0, 'opens': 1, 'closes': 1, 'saveState': 0,
'restoreState': 0, 'isEOF': 0, 'numReads': 1, 'recordSlot': 11,
'recordIdSlot': 12, 'seekKeySlot': 4, 'snapshotIdSlot': 7, 'indexIdentSlot':
8, 'indexKeySlot': 9, 'indexKeyPatternSlot': 10, 'fields': [], 'outputSlots':
[]}}}, 'allPlansExecution': []}, 'command': {'find': 't1', 'filter': {'name':
'test10000'}, '$db': 'stu'}, 'serverInfo': {'host': 'MM-202204180838',
'port': 27017, 'version': '7.0.1', 'gitVersion':
'425a0454d12f2664f9e31002bbe4a386a25345b5'}, 'serverParameters':
{'internalQueryFacetBufferSizeBytes': 104857600,
'internalQueryFacetMaxOutputDocSizeBytes': 104857600,
'internalLookupStageIntermediateDocumentMaxSizeBytes': 104857600,
'internalDocumentSourceGroupMaxMemoryBytes': 104857600,
'internalQueryMaxBlockingSortMemoryUsageBytes': 104857600,
'internalQueryProhibitBlockingMergeOnMongoS': 0,
'internalQueryMaxAddToSetBytes': 104857600,
'internalDocumentSourceSetWindowFieldsMaxMemoryBytes': 104857600,
'internalQueryFrameworkControl': 'trySbeEngine'}, 'ok': 1.0},
```

可以自行对比没有创建索引时 executionTimeMillis、totalDocsExamined 等数据的差异，会发现创建索引时的执行速度比没有创建索引时快很多。

12.3.2 删除索引

创建索引后如果发现创建错误，想要删除，就需要用到删除索引的函数。删除索引的函数有两个，drop_index()函数用于删除指定索引，drop_indexes()函数用于删除所有索引。

【例 12-21】 删除 name_1 索引。

```
myset.drop_index('name_1')
res=myset.list_indexes()    # 查看
for x in res:
    print(x)
```

运行结果如下。

```
SON([('v', 2), ('key', SON([('_id', 1)])), ('name', '_id_')])    # 只剩_id_
```

【例 12-22】 先添加多个索引，再使用 drop_indexes()删除所有索引。

```
myset.create_index('name')
myset.create_index('age')       # 此时有 3 个索引：_id_、name_1 和 age_1
myset.drop_indexes()            # 删除所有索引，但是_id_还在
res=myset.list_indexes()        # 查看索引是否只剩_id_
for x in res:
    print(x)
```

运行结果如下。

```
SON([('v', 2), ('key', SON([('_id', 1)])), ('name', '_id_')])
```

12.3.3 聚合操作

聚合操作允许对一组文档执行计算，并返回计算后的结果。使用 Python 和 pymongo 库，可以执行各种聚合操作，如分组、计数、求和、求平均值等。选择数据库 stu 中的 class 集合，准备如下数据。

```
conn = pymongo.MongoClient('127.0.0.1',27017)
db = conn['stu']
myset= db['class']
myset.insert_one({'name': '李四', 'King': '乾隆','age':25})
myset.insert_many([{'name': '玄烨', 'King': '康熙','age':50},{'name': '清圣祖','King': '康熙','age':56}])
myset.insert_many([{'name': '胤禛', 'King': '雍正','age':45}, {'name': '清世宗', 'King': '雍正','age':48}])
myset.insert_one({'name': '弘历', 'King': '乾隆','age':40})
```

【例 12-23】 聚合查询 King 值相同的个数，并且个数的和大于 1。

```
l = [
    {'$group': {'_id': '$King', 'num': {'$sum': 1}}},
    {'$match': {'num': {'$gt': 1}}}
    ]
cursor = myset.aggregate(l)
for i in cursor:
    print(i)
{'_id': '雍正', 'num': 2}
{'_id': '康熙', 'num': 2}
{'_id': '乾隆', 'num': 2}
```

12.4 在 Python 中使用 GridFS

GridFS 是 MongoDB 的一种存储机制,可以存储和管理大型文件。在 Python 中使用 GridFS,通常需要导入 gridfs 库才能上传或者读取文件。

【例 12-24】 上传教学资源包中的 logo.jpg 图片。

```
import gridfs
conn = pymongo.MongoClient('127.0.0.1',27017)       # 连接数据库
db=conn['img']                                       # 选择数据库 img
fs=gridfs.GridFS(db,'images')
imagedata=open(r'logo.jpg','rb')                     # 以 rb 格式打开图片
gf_id=fs.put(imagedata,filename='test1.jpg',format='img')  # 上传图片
print('ID:',gf_id)                                   # 返回图片 ID
cursor=db['images.chunks'].find()                    # 查看
print(cursor)
```

运行结果如下。

```
ID: 659422026d409acc272cf7f3
<pymongo.cursor.Cursor object at 0x0000021E0868EDC0>
```

【例 12-25】 读取 GridFS 文件。

```
gf=fs.get(gf_id)
im=gf.read()
doc={}
doc['chunk_size']=gf.chunk_size
doc['metadata']=gf.metadata
doc['length']=gf.length
doc['upload_date']=gf.upload_date
doc['name']=gf.name
doc['content_type']=gf.content_type
print(doc)
```

运行结果如下。

```
{'chunk_size': 261120, 'metadata': None, 'length': 8557, 'upload_date':
datetime.datetime(2024, 1, 2, 14, 59, 45, 406000), 'name': 'test1.jpg',
'content_type': None}
```

12.5 项目实践:增删改查综合练习

在数据库操作中,增(添加)、删(删除)、改(修改)和查(查询)是最基本的四项操作,也是开发人员在处理数据时需要执行的任务。熟练掌握这些操作对于构建稳定、高效的数据库至关重要。本节旨在通过一系列的综合练习,帮助读者巩固并加深对增、删、改、查操作的理解和应用能力。

1. 连接数据库

（1）导入 pymongo 库。

```
from pymongo import MongoClient
```

（2）连接到 MongoDB 服务器。

```
client = MongoClient('127.0.0.1',27017)
```

（3）选择要操作的数据库和集合。

```
db = client['test']
collection = db['mycollection']
```

2. 插入数据

（1）向集合中插入单个文档"{'name': 'Alice', 'age': 30}"。

```
document_one = [{'name': 'Alice', 'age': 30}]
result_one = collection.insert_one(document_one)
print("Inserted document with ID",insert_one.inserted_id)
```

运行结果显示新数据的 ID，如下。

```
Inserted document with ID 65e037378af11f74ccc8614c
```

（2）向集合中批量插入多个文档"{'name': 'Bob', 'age': 45}, {'name': 'Charlie', 'age': 28}"。

```
documents_many = [{'name': 'Bob', 'age': 45}, {'name': 'Charlie', 'age': 28}]
results_many = collection.insert_many(documents_many)
for inserted_doc in results_many.inserted_ids:
    print("Inserted document with ID", inserted_doc)
```

运行结果如下。

```
Inserted document with ID 65e0b32ce5b3f0f0f21b10cc
Inserted document with ID 65e0b32ce5b3f0f0f21b10cd
```

3. 修改数据

（1）更新集合中符合指定条件的第一个文档。

```
query_one = {'name': 'Bob'}
new_values_one = {'$set': {'age': 50}}
updated_count_one = collection.update_one(query_one, new_values_one).modified_count
print("Updated", updated_count_one, "document")
```

运行结果如下。

```
Updated 1 document
```

修改成功 1 条。

（2）更新集合中符合指定条件的全部文档。

```
query_many = {'age': {'$lt': 30}}
new_values_many = {'$inc': {'age': 1}}
updated_count_many = collection.update_many(query_many, new_values_many).
```

```
modified_count
print("Updated", updated_count_many, "documents")
```
运行结果如下。
```
Updated 1 documents
```
只修改成功 1 条数据，因为只有 1 条数据符合小于 30 岁的要求。

（3）替换集合中符合指定条件的第一个文档为新值。
```
query_replace = {'name': 'Charlie'}
replacement_doc = {'name': 'David', 'age': 60}
updated_count_replace = collection.replace_one(query_replace, replacement_
doc).modified_count
print("Replaced", updated_count_replace, "document")
```
运行结果如下。
```
Replaced 1 document
```

4．查询数据

（1）查询集合中符合指定条件的全部文档。
```
query_all = {}
cursor = collection.find(query_all)
for doc in cursor:
print(doc)
```
运行结果如下。
```
{'_id': ObjectId('65e037378af11f74ccc8614c'), 'name': 'Alice', 'age': 30}
{'_id': ObjectId('65e0b32ce5b3f0f0f21b10cc'), 'name': 'Bob', 'age': 50}
{'_id': ObjectId('65e0b32ce5b3f0f0f21b10cd'), 'name': 'David', 'age': 60}
```
说明 3 条数据都被查询到。

（2）查询集合中符合指定条件的第一个文档。
```
query_first = {'age': {'$gt': 30}}
doc_first = collection.find_one(query_first)
print(doc_first)
```
运行结果如下。
```
{'_id': ObjectId('65e0b32ce5b3f0f0f21b10cc'), 'name': 'Bob', 'age': 50}
```

5．删除数据

（1）从集合中删除符合指定条件的第一个文档。
```
query_one = {'name': 'Alice'}
deleted_count_one = collection.delete_one(query_one).deleted_count
print("Deleted", deleted_count_one, "document")
```
运行结果如下。
```
Deleted 1 document
```
删除了 1 条数据。

（2）从集合中删除符合指定条件的全部文档。

```
query_many = {'age': {'$gte': 30}}
deleted_count_many = collection.delete_many(query_many).deleted_count
print("Deleted", deleted_count_many, "documents")
```

运行结果如下。

```
Deleted 2 documents
```

删除了 2 条符合条件的数据。

（3）删除集合中的所有文档。

```
collection.drop()
```

运行结果显示数据已为空。

本章小结

本章主要介绍在 Python 中如何与 MongoDB 数据库进行交互，其中连接数据库需要 pymongo 的 MongoClient()函数，只有连接成功才能继续操作。掌握增加数据函数 insert_one()、insert_many()，删除数据函数 delete_one()、delete_many()，修改数据函数 update_one()、update_many()，以及查询数据函数 find()、find_one()。要特别注意一条和多条数据的区分，根据实际需求选择对应的函数。通过本章的学习，学生能够培养自己的知识扩展和团队协作的能力。

课后习题

1．在 Python 中需要安装（　　）库才能和 MongoDB 交互。
   A．pymongo　　　　B．django　　　　C．shell　　　　D．pyecharts
2．Python 连接数据库时需要使用 pymongo 的（　　）函数。
   A．mongo()
   B．insert()
   C．MongoClient()
   D．write()
3．pymongo 中使用（　　）函数可以同时增加多条数据。
   A．delete()
   B．insert_many()
   C．insert_one()
   D．write()
4．可以对从 MongoDB 中读出的数据进行排序的函数是（　　）。
   A．limit()　　　　B．skip()　　　　C．for()　　　　D．sort()
5．Python 中给数据创建索引的函数是（　　）。
   A．create_index()
   B．drop_index()
   C．index()
   D．aggregate()

项目实训

使用 stu 数据库的 class 集合完成如下操作。

```
test> use stu
switched to db stu
stu> db.class.find({},{_id:0})
[
  { name: '李四', King: '乾隆', age: 25 },
  { name: '玄烨', King: '康熙', age: 50 },
  { name: '清圣祖', King: '康熙', age: 56 },
  { name: '胤禛', King: '雍正', age: 45 },
  { name: '清世宗', King: '雍正', age: 48 },
  { name: '弘历', King: '乾隆', age: 40 }
]
```

1. 获取前两个文档。
2. 统计文档的数量。
3. 按年龄倒序排序。
4. 修改清高宗的 King 值为"乾隆",若没有此数据则增加。
5. 找到 King 值为"乾隆"的数据并将其删除。

第13章 Django 与 MongoDB

◎ 学习导读

Django 是一个高级的 Python Web 框架，用于快速开发安全和可维护的网站。只需要很少的代码，Python 的程序开发人员就可以轻松地完成一个基本框架，并进一步开发出全功能的 Web 服务。本章主要使用 Django 和 MongoDB 开发酒店员工信息管理模块，其他模块同理可自行开发。

◎ 知识目标

掌握 Django 的设计模式
掌握 Django 项目的环境搭建方法
掌握 Django 与数据库交互方法

◎ 素养目标

培养逻辑思维与实践能力
培养团队协作与沟通能力

13.1 认识 Django

Django 的模型—模板—视图（Model Template View，MTV）模式本质上和模型—视图—控制器（Model View Controller，MVC）模式是一样的，都是为了使各组件之间保持松耦合关系，只是定义上有些许不同，Django 的 MTV 分别是指：

- 模型（Model）：编写程序应有的功能，负责业务对象与数据库的映射。
- 模板（Template）：负责把页面（HTML）展示给用户。
- 视图（View）：负责业务逻辑，并在适当时候调用 Model 和 Template。

除了以上三层，还需要一个统一资源定位符（Uniform Resource Locator，URL）分发器，它的作用是将每个 URL 的页面请求分发给不同的 views 进行处理，views 再调用相应的 models 和 templates。MTV 的响应模式如图 13-1 所示。

第 13 章 Django 与 MongoDB

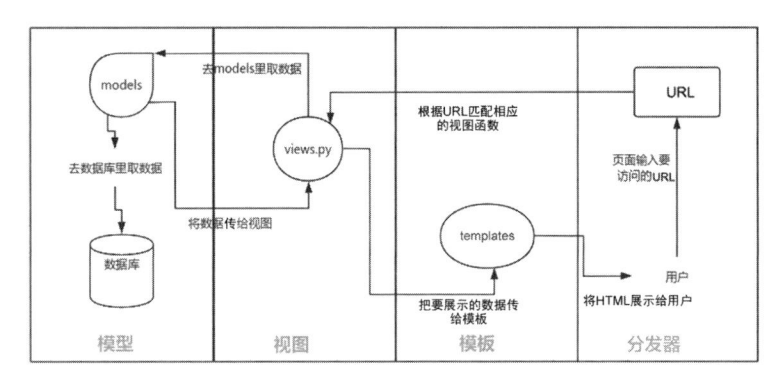

图 13-1 MTV 的响应模式

在使用 Django 的过程中,有许多常用的命令,如表 13-1 所示。

表 13-1 Django 常用命令

常用命令	描述
startproject	创建 Django 项目
startapp	创建项目 App
makemigrations	映射模型和数据库关系
migrate	创建数据表
runserver	服务器运行项目

【例 13-1】创建子应用。

创建子应用的命令如下。

```
python manage.py startapp 子应用名称(app01)
```

创建子应用后,Django 完整的目录结构如下。

```
|- manage.py          # 终端脚本命令,提供了一系列用于生成文件或者目录的命令,也叫脚手架
└─ HelloDjango/       # 主应用开发目录,保存了项目中所有开发人员编写的代码,目录是生成项目
时指定的
    |- asgi.py        # Django3.0 以后新增的,用于让 Django 运行在异步编程模式的一个 Web
应用对象中
    |- settings.py    # 默认开发配置文件,例如,连接哪个数据
    |- urls.py        # 路由列表目录,用于绑定视图和 URL 的映射关系
    |- wsgi.py        # 项目运行在 wsgi 服务器时的入口文件
    └─ __init__.py
└─ app01              # 子应用
    |- models         # 该应用的模型类模块
    |- views          # 该应用的视图模块
    |- tests          # 该应用的单元测试模块
    |- apps           # 该应用的一些配置,自动生成
|- admin.py           # 该应用的后台管理系统配置
```

其中,静态文件 static 需要自己创建在项目根目录下,并在 settings 文件的最下方添加以下配置。

```
STATIC_URL = '/static/' # 别名
```

```
STATICFILES_DIRS = [
    os.path.join(BASE_DIR, "static"),
]
```

这样静态文件中的 css、js、images 等就都可以正常使用了。

13.2 项目实践：酒店员工信息管理模块

13.2.1 功能模块设置

详细的功能需求分析对系统后续的开发工作是至关重要的，只有功能需求确定，技术人员才能有针对性地进行技术开发，开发工作才能围绕着确认的需求进行开展。

酒店员工信息管理模块功能的详细说明如下。

（1）顾客信息管理模块：管理员成功登录系统，进入顾客信息管理页面，可以对顾客信息进行增加、删除、修改和查询，同时展示所有顾客的基本信息。

（2）客房订单管理模块：维护管理包括增删改查功能。可以根据客房订单编号、菜名、客房订单价格、厨师编号等基本信息进行查询。

（3）菜品信息管理模块：管理员成功登录系统，进入菜品信息管理页面，可以对菜品信息进行增加、修改、删除和查询。

（4）餐饮订单信息管理模块：管理员成功登录系统，进入餐饮订单信息管理页面，可以录入新增的订单数据，修改订单信息，浏览订单当前状态。

（5）停车场信息管理模块：管理员成功登录系统，进入停车场信息管理页面，可以对车辆信息进行增加、修改和删除，同时可以进行信息的查询和浏览。

（6）客房信息管理模块：管理员成功登录系统，进入客房信息管理页面，可以对客房信息进行增加、修改、删除和查询。

（7）员工信息管理模块：管理员成功登录系统，进入员工信息管理页面，可以对员工信息进行增加、删除、修改和查询，是本案例的主要介绍模块。

（8）会员信息管理模块：管理员成功登录系统，进入会员信息管理页面，可以对会员信息进行增加、删除和修改，管理员可根据条件进行综合查询和浏览会员信息。

系统参与者包括管理员和员工，管理员可以对系统的数据进行更新和管理，员工可以对系统的信息进行查看和浏览等，部分功能需求如图 13-2 所示。

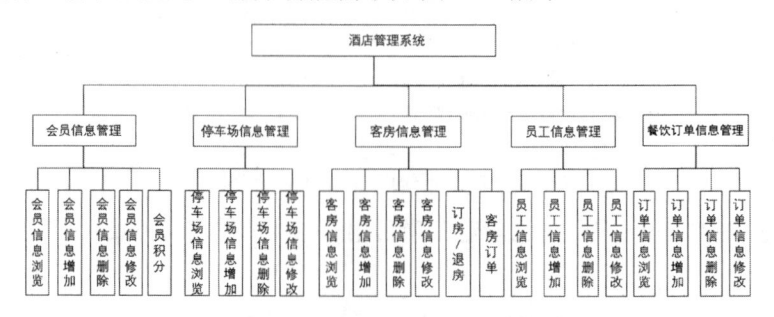

图 13-2 部分功能需求关系图

13.2.2 数据库结构

酒店管理系统的数据库的逻辑结构设计如下。
（1）顾客信息包含：顾客 ID、姓名、身份证号。
（2）客房订单信息包含：订单 ID、顾客 ID、入住时间、房间编号。
（3）菜品信息包含：菜品编号、菜名、价格、厨师 ID。
（4）餐饮订单信息包含：订单 ID、桌号、服务员编号、菜品编号、顾客 ID。
（5）停车场信息包含：车位编号、当前状态、车辆牌号。
（6）客房信息包含：房间编号、客房类型、价格、负责人编号。
（7）员工信息包含：员工 ID、姓名、职务、月薪、工龄。
（8）会员信息包含：会员 ID、姓名、会员等级、联系电话。

13.2.3 数据库创建

数据库中包括顾客信息集合、客房订单信息集合、菜品信息集合、餐饮订单信息集合、停车场信息集合、客房信息集合、员工信息集合、会员信息集合，根据具体的功能需求制定合适的字段类型和长度。在 hotel 数据库中分别创建如下结构的集合。

（1）创建顾客信息集合，名称为 client，如图 13-3 所示。

图 13-3　顾客信息集合

（2）创建客房订单信息集合，名称为 accommodation，如图 13-4 所示。

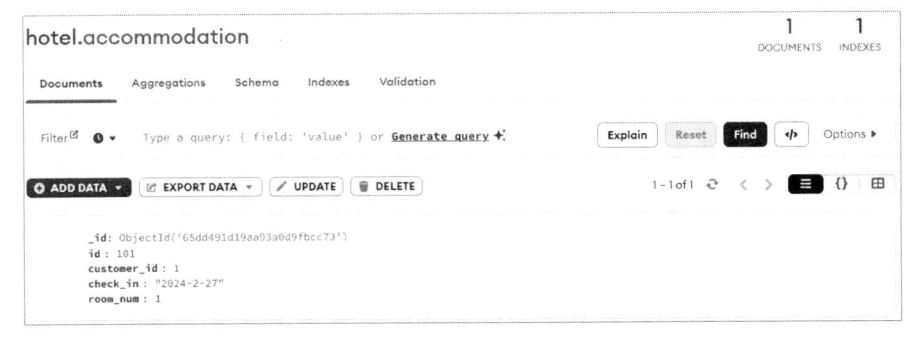

图 13-4　客房订单信息集合

（3）创建菜品信息集合，名称为 food，如图 13-5 所示。

图 13-5　菜品信息集合

（4）创建餐饮订单信息集合，名称为 order，如图 13-6 所示。

图 13-6　餐饮订单信息集合

（5）创建停车场信息集合，名称为 park，如图 13-7 所示。

图 13-7　停车场信息集合

（6）创建客房信息集合，名称为 room，如图 13-8 所示。

图 13-8　客房信息集合

（7）创建员工信息集合，名称为 staff，如图 13-9 所示。

图 13-9　员工信息集合

（8）创建会员信息集合，名称为 vip，如图 13-10 所示。

图 13-10　会员信息集合

13.2.4　项目环境搭建

项目环境搭建是开发 Django 应用程序的第一步，它涉及安装和配置必要的软件、库与工具，以确保项目能够在特定的环境中顺利运行。良好的项目环境搭建不仅能够提高开发效率，还能减少在开发过程中出现问题和错误。

以下是本项目环境搭建的步骤。

（1）当前项目主要使用 Python 和 MongoDB，于是在 Python 中安装第三方库 Django，执行如下命令。

```
pip install django
```

下载时要根据 Python 的版本自行选择合适的 Django 版本，本例中的 Python 版本为 3.8.17，Django 版本为 4.2.6。

（2）使用 MongoDB 数据库还需下载 mongoengine，执行如下命令。

```
pip install mongoengine
```

mongoengine 版本为 0.27.0。

（3）Django 和 mongoengine 都准备好后，开始创建项目。在 PyCharm 中创建 Django 项目，如图 13-11 所示。

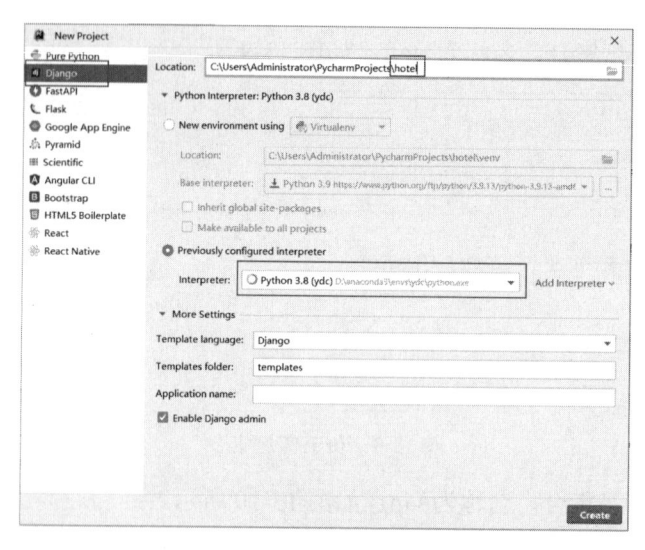

图 13-11　创建 Django 项目

（4）修改项目类型为 Django，项目名称为"hotel"，一定要将环境切换到下载了 Django 的环境中，否则编辑器会重新下载 Django。项目创建好后可以看到项目左侧的 hotel，如图 13-12 所示：

（5）把教学资源包中提供的 static 文件夹和 index.html 文件导入目录中，如图 13-13 所示。

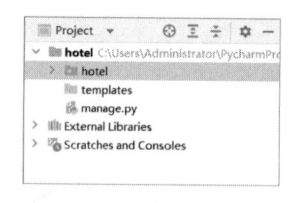

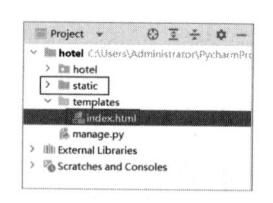

图 13-12　创建完成　　　　　　　　　图 13-13　导入文件夹与文件

（6）创建该项目的 App，在 Terminal 中运行如下代码。

```
python manage.py startapp hotelapp
```

创建成功后，会在侧边栏生成 hotelapp 文件夹，hotelapp 是创建时自拟的名字，如图 13-14 所示。

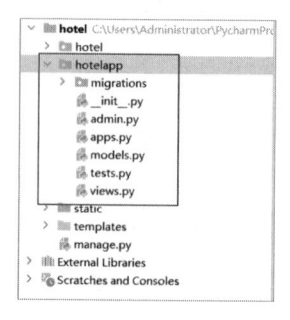

图 13-14　创建 App

到这里，项目的准备工作就结束了。

13.3 功能实现

本节主要实现酒店管理系统中员工信息管理模块。首先需要配置数据库，保证连接成功，然后实现员工信息的查询、增加，修改员工信息，删除员工信息等功能。

13.3.1 配置相关文件

项目功能的实现不仅涉及基础软件的安装，还需要配置相应的文件，从而为开发者提供强大的技术支持和便利，使他们能够专注于业务逻辑的实现，而无须过多关注底层技术的细节。

扫一扫

视频：配置相关文件

（1）在 settings.py 文件中，注册 App。

```
INSTALLED_AppS = [
    "django.contrib.admin",
    ...
    "hotelapp"                    # 添加刚创建的 App
]
```

（2）允许跨站访问。

```
MIDDLEWARE = [
    ...
    # "django.middleware.csrf.CsrfViewMiddleware",    # 此语句注释掉即允许

]
```

（3）配置数据库。

```
from mongoengine import connect
connect(db="hotel", host='localhost', port=27017, alias='default')
```

（4）配置静态文件。

```
STATIC_URL = "static/"
STATICFILES_DIRS = [
    os.path.join(BASE_DIR, 'static'),
]
```

（5）配置 Session。

```
SESSION_ENGINE = 'django.contrib.sessions.backends.file'   # 引擎
# 缓存文件路径，如果为 None，则通过 tempfile.gettempdir() 获取一个临时地址
SESSION_FILE_PATH = None
SESSION_COOKIE_NAME = "sessionid"
SESSION_COOKIE_PATH = "/"             # Session 中 cookie 保存的路径
SESSION_COOKIE_DOMAIN = None          # Session 中 cookie 保存的域名
SESSION_COOKIE_SECURE = False         # 是否通过 HTTPS 传输 cookie
SESSION_COOKIE_HTTPONLY = True        # Session 的 cookie 是否只支持 HTTP 传输
SESSION_COOKIE_AGE = 1209600          # Session 中 cookie 的失效日期（2 周）
SESSION_EXPIRE_AT_BROWSER_CLOSE = False     # 是否关闭浏览器使 Session 过期
```

```
# 是否每次请求都保存Session，默认为修改之后才保存
SESSION_SAVE_EVERY_REQUEST = False
```

（6）将数据库结构写入 models 中。

```python
import mongoengine
class Client(mongoengine.Document):
    customer_id = mongoengine.IntField()
    IDCard = mongoengine.StringField()
    class Meta:
        db_table = 'client'
class Staff(mongoengine.Document):
    staff_id = mongoengine.IntField()
    staff_name = mongoengine.StringField()
    job = mongoengine.StringField()
    salary = mongoengine.StringField()
    work_age = mongoengine.StringField()
    class Meta:
        db_table = 'staff'
```

13.3.2 测试连接数据库

读取数据库中 client 集合里的数据，使其显示在网页 client.html 中。

（1）在 views 中，创建查询 client 数据的函数，代码如下。

```python
def test(request):
    client=Client.objects.all()
    return render(request, "client.html", {"client":client})
```

（2）在 templates 文件夹中创建 client.html，解析数据，代码如下。

```html
<table>
    <tr><td>name</td>
        <td>customer_id</td>
        <td>IDCard</td></tr>
    {% for n in client %}
    <tr><td>{{ n.name }}</td>
        <td>{{ n.customer_id }}</td>
        <td>{{ n.IDCard }}</td></tr>
    {% endfor %}
</table>
```

（3）在 urls.py 中添加路由，代码如下。

```python
urlpatterns = [
    path("admin/", admin.site.urls),
    path("test",views.test,name="test")          # test 方法的路由
]
```

启动项目，在浏览器中输入"http://127.0.0.1:8000/test"，结果如图 13-15 所示。

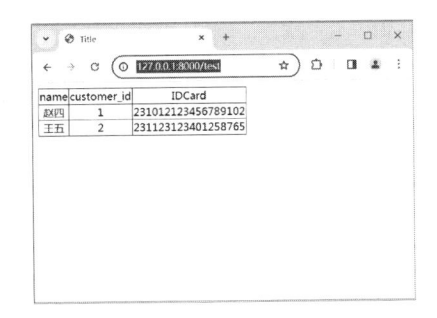

图 13-15　启动项目

到这里，我们已经成功连接到数据库，并且可以对数据库进行查询操作，下面开始实现员工信息管理模块。

13.3.3　验证管理员登录

（1）首先设置验证，只有管理员账号才能登录进入管理信息界面（用户名：admin，密码：admin），并且将登录状态存入 Session，在 views.py 中编辑如下关键代码。

```
def login(request):
    if request.method == 'POST':
        username = request.POST.get('username')
        password = request.POST.get('password')
        if username=="admin" and password=="admin":    # 判断是否是管理员
            request.session['username'] = username      # 存入 Session
            request.session['is_login'] = True          # 存入 Session
            response = render(request, 'index.html')    # 登录成功后进入 index 页面
            return response
```

（2）登录页面 login.html，修改 form 表单。

```
<form action="/login/" method="post" id="form">
    <div class="login_form">
        <div class="user">
<input class="text_value" value="" name="username" type="text" id="username">
<input class="text_value" value="" name="password" type="password" id="password">
    </div>
<button class="button" id="submit" type="submit">登录</button>
    </div>
</form>
```

（3）添加对应的路由。

```
path("login/",views.login,name="login")
```

（4）重新启动项目，访问：http://127.0.0.1:8000/login/，得到如图 13-16 所示的登录页面。

（5）在文本框内分别输入用户名和密码，单击"GO"按钮，验证成功即可进入"员工信息录入"页面，如图 13-17 所示。

图 13-16　登录页面　　　　　　　　图 13-17　"员工信息录入"页面（1）

13.3.4　员工信息录入功能

员工信息的录入功能主要是获取在页面中输入的数据并存入数据库，获取对应的数据需要 html 文件中的标签 name 与获取时 get() 函数的参数一致。

视频：录入功能

（1）在 login.html 中修改内容。

```
<p><label >工号</label><input type="text" name="id" /></p>
```

（2）在 views.py 中添加获取数据的方法。

```
id = request.POST.get("id", None)
```

（3）将获取的数据保存到数据库。

```
twz = Staff.objects.create(staff_id=id, staff_name=name, job=job, salary=salary, work_age=work_time)
twz.save()
```

（4）添加对应的路由。

```
path("insert/",views.insert,name="insert"),
```

（5）重新启动项目，访问 http://127.0.0.1:8000/login/ 进入登录页面，验证成功即可进入"员工信息录入"页面，如图 13-18 所示。

图 13-18　"员工信息录入"页面（2）

（6）输入图 13-18 所示的数据，单击"提交"按钮即可录入员工信息。在数据库中可以看到数据已经被成功保存，可以多添加几条数据，方便后续的修改、删除操作。

13.3.5 员工信息修改、删除功能

使用刚才录入的员工信息开始编写员工的修改、删除功能。

（1）需要先把原有的员工信息展示出来，在 views 中编写展示员工信息的代码。

```
def staff(request):
    people_list = Staff.objects.all()
    return render(request, "staff.html", {"people_list":people_list})
```

（2）由于登录及增加员工信息后的界面是直接显示所有员工信息的，因此 login() 和 insert() 函数中应添加指向展示员工信息界面的方法。

```
response = HttpResponseRedirect('/staff/')
# response = render(request, 'staff.html')
```

（3）在 staff.html 中修改员工信息展示部分，将数据解析出来。

```
{% for line in people_list %}
    <tr>  <td class="id">{{line.staff_id}}</td>
        <td>{{line.staff_name}}</td>
        <td>{{line.job}}</td>
        <td>{{line.salary }}</td>
        <td>{{line.work_age }}</td>
        <td><button class="btn btn-primary delete">删除</button></td>
        <td><button class="btn btn-primary update">修改</button></td>
    </tr>
{% endfor %}
```

（4）添加对应路由。

```
path("staff/",views.staff,name="staff"),
```

（5）重新启动项目，登录账号，即可看到当前所有员工的信息，如图 13-19 所示。

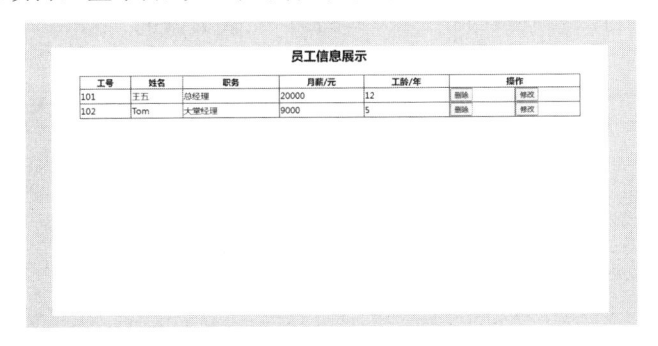

图 13-19　员工信息展示

（6）开始编写修改功能。单击"修改"按钮，数据变为可更改状态且"修改"按钮变成"完成"按钮；修改完成后单击"完成"按钮，提交修改好的内容到数据库。因此，应在 staff.html

中增加 JS 代码的单击事件。

```
<script>
    $(".update").click(function () {
       var ID = $(this).parent().siblings(".id").first();
       alert(ID);
       if ($(this).text() == "修改") {
          $(this).text("完成");
          ID.next().next().html('<input type="text" class="job"/>');
          ID.next().next().next().html('<input type="text" class="salary"/>');
          ID.next().next().next().next().html('<input type="text" class="time"/>');
       }
       else{
          var id = ID.html();
          var job = ID.next().next().children().val();
          var salary = ID.next().next().next().children().val();
          var time = ID.next().next().next().next().children().val();
          var staff = {'id':id, 'job':job, 'salary': salary, 'time':time};
          alert(staff)
          $.post('../update_staff/',staff, function(res){
             location.reload();
          });
       }
    });
</script>
```

（7）在 views.py 中添加 update_staff()函数。

```
def update_staff(request):
    id = request.POST.get("id") #获取数据
```

（8）添加对应路由。

```
path('update_staff/', views.update_staff),
```

（9）重新启动项目，验证修改功能。单击最后一条数据的"修改"按钮，对工龄进行修改，如图 13-20 所示。

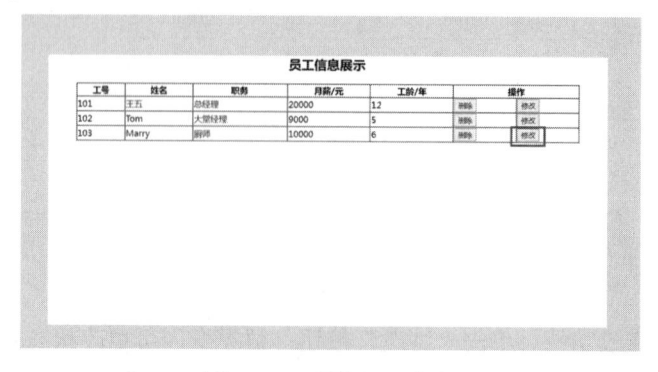

图 13-20　修改员工信息

（10）修改好之后，单击"完成"按钮，如图 13-21 所示。

图 13-21　修改完成

此时数据已修改成功。

（11）同理，添加删除操作。单击"删除"按钮，对应数据应从数据库中删除，且页面上的表格结构也被删除。因此，应在 staff.html 中增加如下 JS 代码。

```javascript
$(".delete").click(function () {
    $(this).parent().parent().remove();
    var id = $(this).parent().siblings(".id").first().html();
    $.get('../delete_staff',{'id': id});
});
```

（12）在 views.py 中，添加 delete_staff()函数，删除数据，删除成功后回到当前页面。

```python
def delete_staff(request):
    if request.method == "GET":
        id = request.GET.get("id")
        Staff.objects.filter(staff_id=id).delete()
    return HttpResponseRedirect('/staff/')
```

（13）添加对应路由。

```python
path('delete_staff/', views.delete_staff),
```

（14）重新启动项目，验证删除功能，单击最后一条数据的"删除"按钮，如图 13-22 所示。

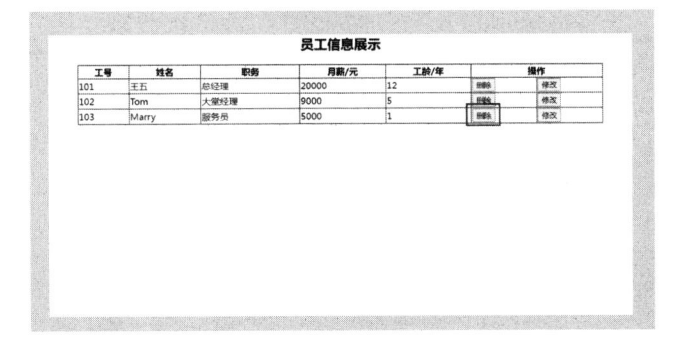

图 13-22　删除员工信息

可以看到数据删除成功。

13.3.6 员工信息查询功能

当员工数据较多时,可以根据员工的信息(工号、姓名、职务、工龄和月薪)查询具体的员工。先在 views.py 中添加按条件查询的函数,无论查询条件是姓名还是职务等都可以进行查询。需要先从页面中获取查询的条件,组成查询语句,再从数据库查出数据,并返给页面进行展示。

(1)获取查询条件。

```
columns = request.POST.get("columns", None)
value = request.POST.get("value", None)
```

(2)组成查询语句,查出数据。

```
staffs = eval('Staff.objects.filter('+columns+'=' + '"'+value+'"' + ')')
```

(3)将查出的数据返给页面。

```
return render(request, 'staff.html', {"staffs": staffs})
```

(4)在 staff.html 中解析返回的数据。

```
{% for line in staffs %}
<td ><p></p>工号:{{line.staff_id}}<br>
姓名:{{line.staff_name}}<br>
职务:{{ line.job }}<br>
月薪:{{ line.salary }}<br>
工龄:{{ line.work_age }}
</td>
{% endfor %}
```

(5)添加对应路由。

```
path('search_staff/', views.search_staff),
```

(6)重新启动项目,查询员工工号为 101 的员工信息,如图 13-23 所示。

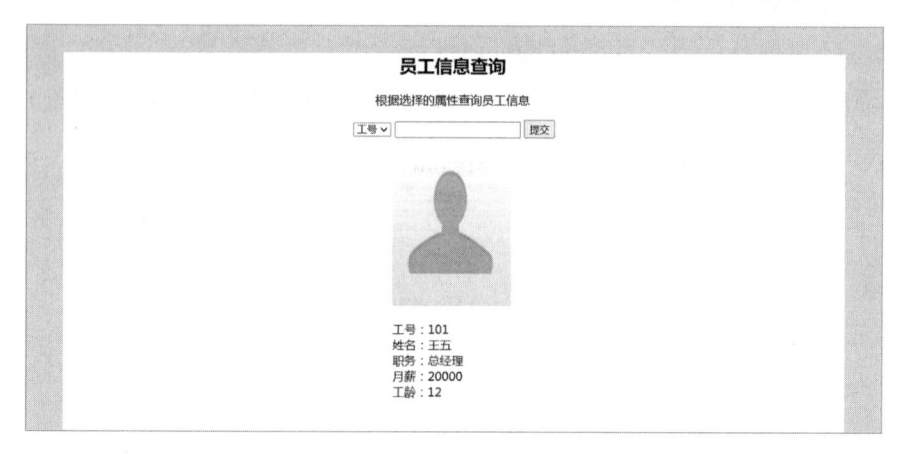

图 13-23 查询员工信息

到这里,完整的员工信息管理模块已经设置完成,同理,其他模块可自行添加。

本章小结

本章主要介绍了 MongoDB 数据库在 Django 中的应用，要理解 Django 的设计模式，重点掌握 Django 项目的环境搭建，学会配置相关信息。在创建项目时，学生应学会分析模型，厘清代码逻辑，掌握具体功能的函数实现方法，培养逻辑思维。

课后习题

1. Django 中 MTV 的 M 是指（　　）。
   A．Model　　　　　B．Template　　　C．URL　　　　　D．View
2. Django 中创建项目 App 的关键字是（　　）。
   A．startproject　　B．startapp　　　　C．runserver　　　D．app
3. Django 中服务器运行项目的关键字是（　　）。
   A．startproject　　B．startapp　　　　C．runserver　　　D．app
4. 静态文件需要配置在（　　）文件中。
   A．models.py　　　B．views.py　　　　C．urls.py　　　　D．settings.py
5. 路由需要配置在（　　）文件中。
   A．models.py　　　B．views.py　　　　C．urls.py　　　　D．settings.py

项目实训

添加顾客信息管理功能（例如，添加顾客信息、修改顾客信息、删除顾客信息、查询顾客信息），具体展示如下。

（1）添加顾客信息功能，如图 13-24 所示。

图 13-24　添加顾客信息

（2）修改、删除顾客信息功能，如图 13-25 所示。

图 13-25　修改、删除顾客信息

（3）查询顾客信息功能，如图 13-26 所示。

图 13-26　查询顾客信息

第14章 综合项目——数据分析

◎ 学习导读

本章主要介绍在读取数据库中的数据后如何对数据进行分析。数据分析主要使用 Python 和它的第三方库，需要先安装 pandas、numpy、pyecharts 及 jieba。另外，还需要连接数据库的包 pymongo，根据 Python 的版本应该选择 v2 及以上。

◎ 知识目标

掌握用 pyecharts 绘制常用图表的方法
掌握数据处理的方法

◎ 素养目标

培养数据分析的能力
培养绘制图表的能力

14.1 认识 pyecharts

pyecharts 是一款将 Python 与 Echarts 结合的数据可视化工具。Echarts 是一个数据可视化 JS 库，而 pyecharts 实际上是一个用于生成 Echarts 图表的类库，它将 Python 与 Echarts 对接，使开发者在 Python 环境下也能够使用 Echarts 中丰富的图表类型和配置选项。

pyecharts 具有以下特性。

（1）丰富的图表类型：pyecharts 提供了多种多样的图表类型，包括基本图表（如折线图、柱状图、饼图等）、地图（如中国地图、世界地图等）、3D 图表、热力图等。用户可以根据自己的具体需求选择合适的图表类型进行数据可视化。

（2）交互式图表：pyecharts 生成的图表具有交互性，用户可以在图表上进行缩放、滚动、悬停、单击等操作，以获取更多的详细信息。这使得 pyecharts 特别适用于数据可视化和仪表板开发。

（3）灵活的配置选项：pyecharts 允许用户自定义图表的各个方面，包括标题、标签、颜色、图例等。用户可以通过传递选项和数据来控制图表的外观和行为，使图表更加符合个人的审美需求或特定的展示要求。

（4）数据驱动：pyecharts 能够与数据集进行集成，用户可以轻松地将自己的数据集与 pyecharts 结合，生成动态图表。这使 pyecharts 在数据分析和可视化方面非常有用。

（5）美观且实用：pyecharts 的图表设计精巧，图形展示灵活美观，相比其他可视化库如 matplotlib，其作图更加灵活、巧妙，能够更好地满足用户的视觉需求。

14.1.1 全局配置项

全局配置项主要用来设置图表的全局布局和功能，可以通过 set_global_opts()函数设置，主要有以下几个常用配置项。

（1）InitOpts：初始化配置项，常用参数有 width、height、page_title、theme 等，用于设置画布的大小、颜色、主题、标题等。

（2）ToolboxOpts：工具箱配置项，常用参数有 is_show、orient 等，用于设置工具箱是否显示，以及朝向布局等。

（3）TooltipOpts：提示框配置项，常用参数有 is_show、trigger、trigger_on 等，用于设置提示框是否显示、提示框的类型，以及触发提示框的条件。

（4）TitleOpts：标题配置项，常用参数有 is_show、title、title_link 等，用于设置标题组件是否显示、显示的内容、跳转 URL 等。

（5）LegendOpts：图例配置项，常用参数有 is_show、type_、pos_left 等，用于设置图例是否显示、图例的类型、图例的位置等。

（6）VisualMapOpts：视觉映射配置项，常用参数有 is_show、type_、min_、max_等，用于设置是否显示视觉映射配置、视觉映射的类型、最大值、最小值等。

（7）DataZoomOpts：区域缩放配置项，常用参数有 is_show、is_realtime 等，用于设置是否显示组件、拖动时是否实时更新系列的视图等。

14.1.2 系列配置项

set_series_opts()函数负责系列配置项的定义，如 TextStyleOpts、LineStyleOpts、LabelOpts 等。系列配置项有两种配置方式，通过 set_series_opts()函数进行配置和在添加数据时进行配置。

（1）TextStyleOpts：文字样式配置项，参数如下。
- color：文字的颜色。
- font_style：文字的字体风格，可选值包括 normal、italic、oblique。
- font_weight：文字的字体粗细，可选值包括 normal、bold、bolder、lighter。
- font_family：文字的字体样式。
- font_size：文字的字体大小。
- align：文字的水平对齐方式。
- vertical_align：文字的垂直对齐方式。
- background_color：文字块的背景颜色。
- paddind：文字的内边距。

（2）LineStyleOpts：线样式配置项，参数如下。
- is_show：是否显示组件。
- width：线宽。

- type_：线的类型，可选值包括 solid（实线）、dashed（短虚线）、dotted（点虚线）。
- color：线的颜色。

（3）LabelOpts：标签配置项，参数如下。
- is_show：是否显示组件。
- color：标签的颜色。
- position：标签的位置。
- font_style：标签的字体风格，可选值包括 normal、italic、oblique。
- font_weight：标签的字体粗细，可选值包括 normal、bold、bolder、lighter。
- font_family：标签的字体样式。
- font_size：标签的字体大小。
- align：标签的水平对齐方式。
- vertical_align：标签的垂直对齐方式。
- color：图形的颜色。
- opacity：图形的透明度。
- border_color：边框的颜色。

注意：有些系列配置项是放在其他地方的，这取决于此配置项用来修饰的对象。比如 itemstyle_opts 用来修饰 bar 的颜色时就放在 add_yaxis 里。

14.1.3 pyecharts 的图表类型与参数

在 pyecharts 中可生成的图表多种多样，除了图片，还可以使用 render() 函数把图表存储于 HTML 中，并且有漂亮的动画效果，下面介绍几种常用的图表类型。

（1）Line：折线/面积图，可以查看数据的趋势与走势。
（2）Bar：柱形图/条形图，用于查看不同类别数据的完成情况、对比情况、增长情况等。
（3）Pie：饼图，用于查看数据的占比情况。
（4）WordCloud：词云图，用于查看数据词语的热度、关注量。
（5）Funnel：漏斗图，用于查看商品、用户等的转化率。
（6）Map：地图，用于查看地域分布的数据，但要注意数据地理名称的正确性。
（7）Grid：并行多图，多个图表共同呈现一个事务的画像。

图表中的常用参数如下。
- add_xaxis：x 轴的设置。
- add_yaxis：y 轴的设置。
- add：在 Grid 中是添加图表，在其他没有 x、y 轴的图表中设置。
- set_global_opts：全局配置项设置。

其他的图表参数参见 pyecharts 的官方文档。

14.1.4 创建图表

以柱状图为例，先导入要用的图表，再把数据分布到对应的 x 轴和 y 轴，即可生成图表。

```python
from pyecharts.charts import Bar
bar = (
    Bar()
    .add_xaxis(["外套", "羊毛衫", "短袖", "长裤", "靴子", "连衣裙"])
    .add_yaxis("商家A", [25, 15, 35, 12, 75, 85])
)
bar.render('html/pyechartsdemo.html')
```

相应的 HTML 文件会生成到指定目录文件夹中，可以使用浏览器进行查看。

以下是 pyechartsdemo.html 文件的部分代码，此内容无须改动，单击浏览器查看即可。

```html
<!DOCTYPE html>
<html>
<head>
    <meta charset="UTF-8">
    <title>Awesome-pyecharts</title>
            <script type="text/javascript" src="https://assets.pyecharts.org/assets/v5/echarts.min.js"></script>

</head>
<body >
    <div id="22520eb12ce5435687c3cc2abdfacb0b" class="chart-container" style="width:900px; height:500px; "></div>
    <script>
        var chart_22520eb12ce5435687c3cc2abdfacb0b = echarts.init(
            document.getElementById('22520eb12ce5435687c3cc2abdfacb0b'), 'white', {renderer: 'canvas'});
        var option_22520eb12ce5435687c3cc2abdfacb0b = {
    "animation": true,
    "animationThreshold": 2000,
    "animationDuration": 1000,
    "animationEasing": "cubicOut",
    "animationDelay": 0,
    "animationDurationUpdate": 300,
    "animationEasingUpdate": "cubicOut",
    "animationDelayUpdate": 0,
    "aria": {
        "enabled": false
    },
    ...
    </script>
</body>
</html>
```

在浏览器中观察生成的图表，如图 14-1 所示。

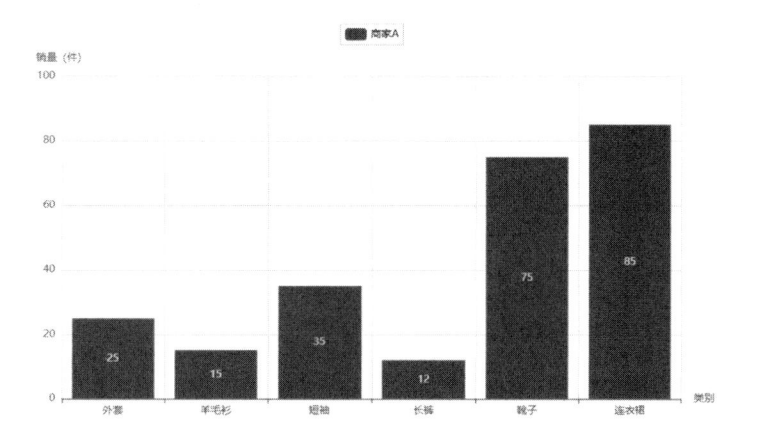

图 14-1 生成的图表

14.2 项目实践：电商数据分析

本项目主要对电商数据进行分析，包括处理数据、分析数据，同时查看不同时间维度下数据的变化趋势和转化率等。

注意以下两个概念。
- 访问量（Page View，PV）：页面浏览量或点击量，用户刷新一次就计算一次。
- 独立访客量（Unique Visitor，UV）：访问网站的一台计算机客户端为一个访客。00:00-24:00 内相同的客户端只会被计算一次。

后文中用 pv 和 uv 表示。

14.2.1 读取数据

在 Python 中，我们可以使用 pymongo 库来与 MongoDB 进行交互。pymongo 是官方提供的一个 Python 驱动程序，可以帮助我们使用 Python 进行数据库操作。以下是读取数据的操作步骤。

（1）从数据库中读取数据，代码如下。

```
mon_client=pymongo.MongoClient(host='Localhost',port=27017)
mon_db=mon_client['shop']
mon_col=mon_db['tianchi_fresh_comp_train_user']
res=mon_col.find()
user=pd.DataFrame(list(res))
print(user.info())
```

也可以从数据中导出 csv 文件再导入 Python 中。

```
user=pd.read_csv(r'D:\MongoDB\fresh_comp_offline\tianchi_fresh_comp_train_user.csv')
print(user.info())
```

运行结果如下。

```
<class 'pandas.core.frame.DataFrame'>
RangeIndex: 15463110 entries, 0 to 15463109
Data columns (total 6 columns):
 #   Column         Dtype
---  ------         -----
 0   user_id        int64
 1   item_id        int64
 2   behavior_type  int64
 3   user_geohash   object
 4   item_category  int64
 5   time           object
dtypes: int64(4), object(2)
memory usage: 707.8+ MB
None
```

（2）使用 info() 函数可以查看数据的结构和类型，快速了解统计信息，代码如下。

```
print(user.describe())
```

从运行结果中可以看到数据整体的计数、均值、最大值、最小值、四分位数等，如下所示。

```
            user_id         item_id  behavior_type   item_category
count   1.546311e+07    1.546311e+07    1.546311e+07    1.546311e+07
mean    7.015207e+07    2.023169e+08    1.153780e+00    6.827181e+03
std     4.572019e+07    1.167524e+08    5.440445e-01    3.810410e+03
min     4.920000e+02    3.700000e+01    1.000000e+00    2.000000e+00
25%     3.021406e+07    1.014015e+08    1.000000e+00    3.687000e+03
50%     5.638708e+07    2.022669e+08    1.000000e+00    6.054000e+03
max     1.424430e+08    4.045625e+08    4.000000e+00    1.408000e+04
```

（3）统计缺失值，代码如下。

```
print(user.isnull().sum())
```

运行结果如下。

```
user_id             0
item_id             0
behavior_type       0
user_geohash        8207386
item_category       0
time                0
dtype: int64
```

user_geohash 的缺失值较多，但是因为暂时不做地理数据的分析，所以此处不做处理。

14.2.2 处理数据

处理数据包括处理数据中的无用信息和不符合分析规范的信息，以及提取部分有用的信息。以下是当前项目的数据处理操作。

（1）删除重复值。
```
user.drop_duplicates(keep='last',inplace=True)
```
（2）将 time 转换为 datetime 格式。
```
user['time']=pd.to_datetime(user['time'])
```
（3）提取日期和时间。
```
user['dates'] = user.time.dt.date
user['month'] = user.dates.values.astype('datetime64[M]')
user['hours'] = user.time.dt.hour
```
（4）转换数据类型。
```
user['behavior_type']=user['behavior_type'].apply(str)    #行为类型
user['user_id']=user['user_id'].apply(str)
user['item_id']=user['item_id'].apply(str)
```

14.2.3 数据分析

数据的价值在于它能表达的信息，根据不同的分析目的采用合适的图表，能够更加准确地表达数据的信息。

（1）统计访问量和独立访客量数据。
```
pv_day=user[user.behavior_type=="1"].groupby("dates")["behavior_type"].count()
uv_day=user[user.behavior_type=="1"].drop_duplicates(["user_id","dates"]).groupby("dates")["user_id"].count()
```
生成访问量与独立访客量的趋势图（pv 与 uv），如图 14-2 所示。

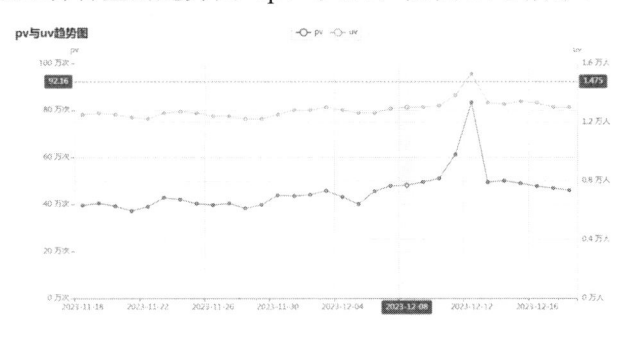

图 14-2 pv 与 uv 趋势图

从图中可以明显看出，在 2023 年 12 月 12 日，无论是访问量还是独立访客量都有大幅增长，该时间节点应该正逢当时的"双 12"大型电商促销活动。

（2）按天统计访问量和独立访客量的差异。
```
pv_uv = pd.concat([pv_day, uv_day], join='outer', axis=1)
pv_uv.columns = ['pv_day', 'uv_day']
new_day=pv_uv.diff()
new_day.columns=['new_pv','new_uv']
print(new_day)
```

运行结果如下。

```
            new_pv    new_uv
dates
2023-11-18      NaN       NaN
2023-11-19   9121.0      61.0
2023-11-20 -12504.0     -71.0
2023-11-21 -20029.0    -228.0
2023-11-22  18068.0    -122.0
2023-11-23  37567.0     432.0
2023-11-24  -7484.0     140.0
2023-11-25 -17090.0    -178.0
2023-11-26  -6583.0    -138.0
2023-11-27   7738.0     -61.0
2023-11-28 -21030.0    -208.0
2023-11-29  14585.0       4.0
2023-11-30  40563.0     342.0
2023-12-01  -3456.0     300.0
2023-12-02   5281.0      -7.0
2023-12-03  17074.0     157.0
2023-12-04 -25985.0    -111.0
2023-12-05 -30945.0    -237.0
2023-12-06  54759.0      37.0
2023-12-07  22581.0     291.0
2023-12-08   3030.0      30.0
2023-12-09  13630.0     -10.0
2023-12-10  15549.0     117.0
2023-12-11 101816.0     694.0
2023-12-12 220781.0    1542.0
2023-12-13 -338647.0  -1988.0
2023-12-14   6078.0    -130.0
2023-12-15 -11345.0     238.0
2023-12-16 -12248.0    -166.0
2023-12-17  -8157.0    -218.0
2023-12-18  -9338.0     -77.0
```

观察 pv 与 uv 的差异分析数据，如图 14-3 所示。

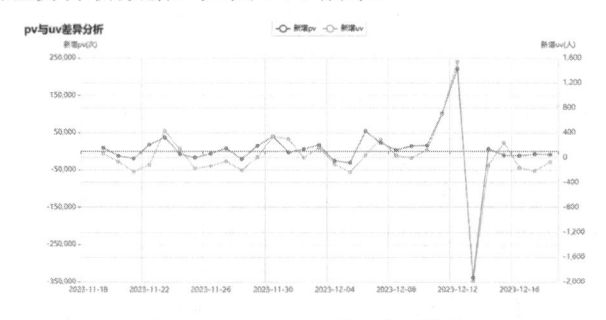

图 14-3　pv 与 uv 差异分析数据

(3) 不同时期的用户行为分析。

统计不同时期的用户行为数据。

```
shopping_cart= user[user.behavior_type == '3']
.groupby('dates')['behavior_type'].count()
collect=user[user.behavior_type=='2'].groupby('dates')['behavior_type'].
count()
buy=user[user.behavior_type=='4'].groupby('dates')['behavior_type'].count()
shopping_cart= user[user.behavior_type == '3']
.groupby('dates')['behavior_type'].count()
collect=user[user.behavior_type=='2'].groupby('dates')['behavior_type'].
count()
buy=user[user.behavior_type=='4'].groupby('dates')['behavior_type'].count()
```

生成图表，观察不同时期的用户行为数据，如图 14-4 所示。

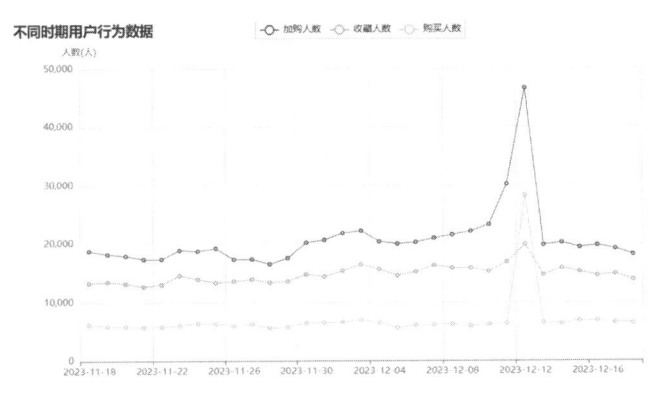

图 14-4　不同时期用户行为数据

可以看出，在 2023 年 12 月 12 日那天，加购人数和购买人数均有大幅增长，说明当时的促销活动还是比较有效的。

由于数据里面包含"双 12"大促的数据，在接下来整理分析用户不同时段的行为时可能会导致分析结果与实际差异较大，所以应分开进行对比分析。

(4) 活动期间不同时段的用户行为分析。

将 dates 列转换为 datetime 类型。

```
user['dates']=pd.to_datetime(user['dates'])
```

选取活动数据子集和日常数据子集。

```
active=user[user["dates"].isin(["2023/12/11","2023/12/12","2023/12/13"])]
daily=user[~user["dates"].isin(["2023/12/11","2023/12/12","2023/12/13"])]
```

对活动期间行为数据进行统计。

```
cart_h= active[active.behavior_type == '3']
       .groupby('hours')['behavior_type'].count()
collect_h=active[active.behavior_type=='2'].groupby('hours')['behavior_
type'].count()
buy_h=active[active.behavior_type=='4'].groupby('hours')['behavior_type'].
```

```
count()
uv_h=active[active.behavior_type== '1'].groupby('hours')['user_id'].count()
```

生成对比数据图，如图 14-5 所示。

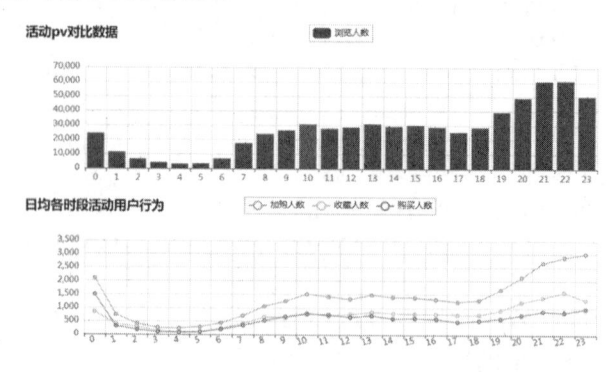

图 14-5 活动期间不同时段的用户行为分析

数据 11、12、13 三个时间点正好是活动期间，用户的购买高峰基本集中在零点，这应该和商家的促销引导有关；而点击加购高峰主要集中在晚上的 9 点到 11 点，该时间段正好是消费者比较空闲的时间，商家可以在晚 8 点前准备好促销活动，引导消费者在零点积极消费。

（5）日常期间不同时段的用户行为分析。

统计日常行为数据。

```
cart_d= daily[daily.behavior_type == '3']
       .groupby('hours')['behavior_type'].count()
collect_d=daily[daily.behavior_type=='2']
       .groupby('hours')['behavior_type'].count()
buy_d=daily[daily.behavior_type=='4'].groupby('hours')['behavior_type'].count()
uv_d=daily[daily.behavior_type== '1'].groupby('hours')['user_id'].count()
```

生成相关图表，如图 14-6 所示。

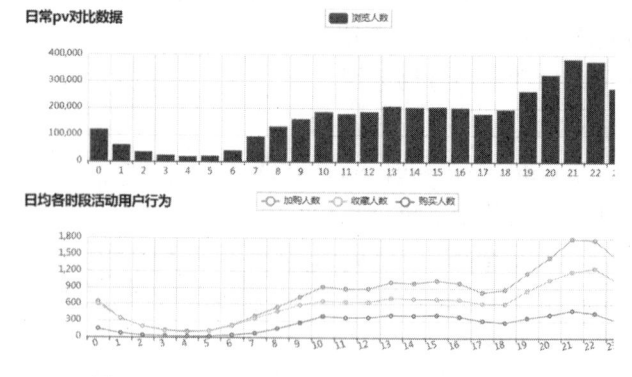

图 14-6 日常期间不同时段的用户行为分析

观察图表可知，日常期间购买人数从上午 10 点到晚上 7 点没有太大变化，购买高峰出现在晚上 9 点到 10 点，访问量、加购、收藏的高峰也出现在晚上的 9 点到 10 点，说明消费者都喜欢在晚上这个时间段浏览商品，日常期间，商家可以集中在这个时段进行促销活动，引流消费。

（6）不同时段的购买率。

统计活动期间购买率和日常期间购买率。

```
# 活动购买率
hour_buy_user_num = active[active.behavior_type == '4']
.drop_duplicates(['user_id','dates', 'hours'])
.groupby('hours')['user_id'].count()
hour_active_user_num = active.drop_duplicates(['user_id','dates', 'hours']).
groupby('hours')['user_id'].count()
hour_buy_rate = hour_buy_user_num / hour_active_user_num
attr_o = list(hour_buy_user_num.index)
vo_2 =np.around(hour_buy_rate.values,decimals=2)
# 日常购买率
hour_buy_daily_num = daily[daily.behavior_type == '4']
.drop_duplicates(['user_id','dates', 'hours'])
.groupby('hours')['user_id'].count()
hour_active_daily_num = daily.drop_duplicates(['user_id','dates', 'hours']).
groupby('hours')['user_id'].count()
daily_buy_rate = hour_buy_daily_num / hour_active_daily_num
vi_2 =np.around(daily_buy_rate.values,decimals=2)
```

生成不同时段购买率的图表，如图 14-7 所示。

日常购买率较高的时段集中在上午 10 点到下午 3 点左右，还有晚上 9 点到 10 点，这与活动期间的购买率不同，但是晚上 9 点已经在分析中出现比较多的峰值，因此可以考虑在这个时段采取吸引用户的引流措施，增加消费。

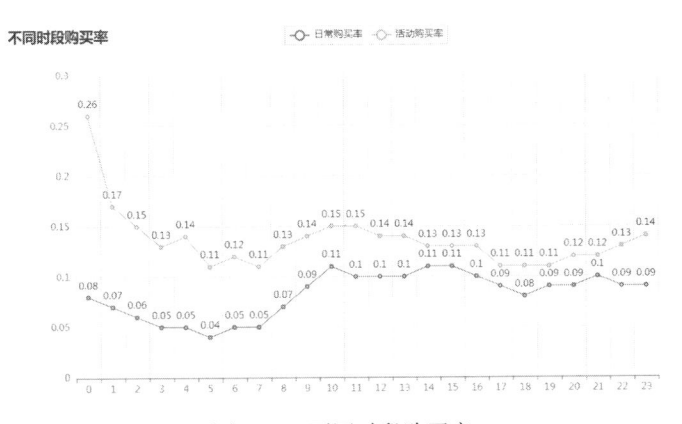

图 14-7　不同时段购买率

（7）活动期间转化率分析。

统计活动期间转化率数据。

```
a_pv=active[active.behavior_type=="1"]["user_id"].count()
a_cart=active[active.behavior_type=="3"]["user_id"].count()
a_collect=active[active.behavior_type=="2"]["user_id"].count()
a_buy=active[active.behavior_type=="4"]["user_id"].count()
```

生成活动期间转化率的图表，如图 14-8 所示。

观察活动期间转化率数据可知，活动期间日均从点击商品到加入购物车的转化率只有 4.97%，到购买的转化率只有 2%，说明虽然单击浏览量不少，但是吸引不了消费者购买，转化率还是比较低的。可以从提高加购率和收藏率入手，吸引消费者购买，提高销量；也可以从当天点击量较高的商品入手，分析为什么消费者查看了商品但最终没有购买，是竞品更有竞争力，还是产品本身优惠力度的问题，并综合销售季节等因素进行分析，最终达到提高转化率的目的。

（8）分析日常期间转化率。

统计日常转化数据。

```
l_pv=daily[daily.behavior_type=="1"]["user_id"].count()
l_cart=daily[daily.behavior_type=="3"]["user_id"].count()
l_collect=daily[daily.behavior_type=="2"]["user_id"].count()
l_buy=daily[daily.behavior_type=="4"]["user_id"].count()
```

生成日常期间转化率的图表，如图 14-9 所示。

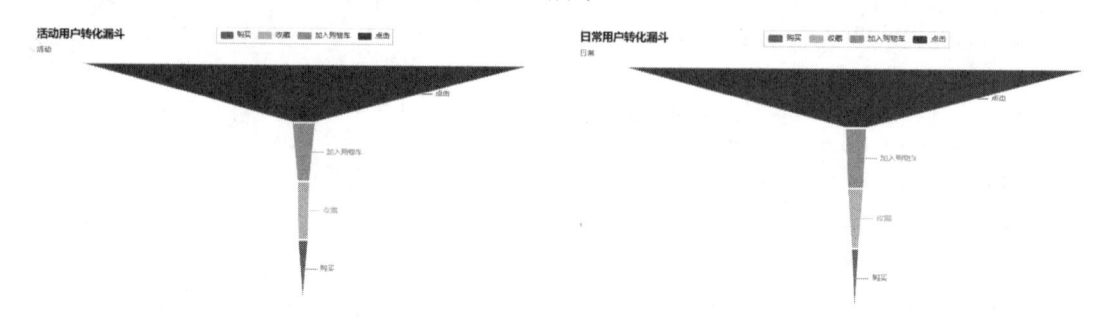

图 14-8　活动期间转化率　　　　　　　图 14-9　日常期间转化率

日常期间转化率中，整体来看购买转化率最低，从点击商品到加入购物车，用户流失较多，可以从该处入手增加转化率。商家可以根据用户的行为路径，推出一系列优惠、打折、赠品等措施刺激消费者加购、收藏商品，以提高购买率。

14.3　项目实践：端午节粽子数据分析

每年端午节时，粽子的销量都会大幅增长。随着网络的发展，网购粽子也逐渐成为人们购买粽子的方式之一。哪种口味、哪些品牌的粽子更受欢迎呢？从数据中可以看到答案。

14.3.1　读取数据

连接数据库并读取数据，代码如下。

```
mon_client=pymongo.MongoClient(host='Localhost',port=27017)
mon_db=mon_client['duanwu']
mon_col=mon_db['zongzi']
res=mon_col.find().limit(10)
df=pd.DataFrame(list(res))
print(df)
```

也可以把数据导出到 csv 文件再读取。

```
df = pd.read_csv("D:\MongoDB\素材\数据\粽子.csv", encoding='utf-8')
df.columns = ["商品名", "价格", "付款人数", "店铺", "发货地址"]
print(df.head(10))
```

运行结果如下。

	商品名	价格	付款人数	店铺	发货地址
0	北京稻香村端午粽子手工豆沙粽220g*2袋散装豆沙粽香甜软糯豆沙粽 天猫超市　　　上海	44.0	8人付款		
1	五芳斋粽子礼盒装鲜肉咸蛋黄大肉粽嘉兴豆沙甜粽端午团购散装礼品 五芳斋官方旗舰店　浙江 嘉兴	89.9	100万+人付款		
2	稻香私房鲜肉粽蛋黄肉粽嘉兴粽子咸鸭蛋礼盒装端午节送礼特产团购 稻香村食品旗舰店　　　北京	138.0	1936人付款		
3	嘉兴粽子蛋黄鲜肉粽新鲜大肉粽早餐散装团购浙江特产蜜枣多口味 城城喂食猫　　　　浙江 嘉兴	3.8	9500+人付款		
4	嘉兴特产粽子礼盒装甜咸粽8粽4味真空手工农家粽端午节团购 chenyan30151467　浙江 嘉兴	58.8	17人付款		
5	五芳斋华礼竹篮礼盒1360g蛋粽组合端午礼品嘉兴粽子礼盒 天猫超市　　　上海	159.0	1028人付款		
6	五芳斋140g*8只大粽子福韵端午豆沙蜜枣蛋黄粽新包装送礼礼盒 天猫超市　　　上海	79.9	9000+人付款		
7	真真老老嘉情礼盒10粽6蛋1.52kg/盒嘉兴粽子端午节粽子礼盒装 天猫超市　　　上海	109.0	2117人付款		
8	五芳斋嘉兴粽子新鲜量贩蛋黄肉粽豆沙粽悦喜散装端午特产600g*2袋 天猫超市　　　上海	59.9	1349人付款		
9	真真老老粽子臻芯800g/盒*1端午节礼盒装嘉兴特产送礼 天猫超市　　　上海	75.0	1815人付款		

观察数据的结构和字段可知，粽子的名称、价格、发货地等都影响着粽子的销量。

14.3.2 处理数据

去除没有意义的数据，同时为后面分析计算提取关键数据。

（1）去除重复值。

```
df.drop_duplicates(inplace=True)
```

（2）将付款人数为空的记录修改为"0人付款"，方便后面做统计分析。

```
df['付款人数']=df['付款人数'].replace(np.nan,'0人付款')
```

（3）提取付款人数的数值并转化数据类型。

```
# 提取数值
df['num'] = [re.findall(r'(\d+\.{0,1}\d*)', i)[0] for i in df['付款人数']]
df['num'] = df['num'].astype('float')   # 转化数据类型
```

（4）提取付款人数，单位为万。

```
# 提取单位（万）
df['unit'] = [''.join(re.findall(r'(万)', i)) for i in df['付款人数']]
df['unit'] = df['unit'].apply(lambda x:10000 if x=='万' else 1)
```

（5）计算销量。

```
df['销量'] = df['num'] * df['unit']
```

（6）删除无发货地址的商品，并提取省份。

```
df = df[df['发货地址'].notna()]
df['省份'] = df['发货地址'].str.split(' ').apply(lambda x:x[0])
```

（7）重置索引。

```
df = df.reset_index(drop=True)
```

（8）查看处理好的数据，保存成 csv 文件。

```
print(df.head(10) )
df.to_csv('D:\MongoDB\素材\数据\清洗完成数据.csv')
```

运行结果如下。

```
     商品名                              价格         店铺         销量      省份
0  北京稻香村端午粽子手工豆沙粽220g*2 袋散装豆沙粽香甜软糯豆沙粽    44.0      天猫超市
                                    8.0      上海
1  五芳斋粽子礼盒装鲜肉咸蛋黄大肉粽嘉兴豆沙甜粽端午团购散装礼品        89.9      五芳斋官方旗
   舰店                          1000000.0     浙江
2  稻香私房鲜肉粽蛋黄肉粽嘉兴粽子咸鸭蛋礼盒装端午节送礼特产团购       138.0      稻香村食品旗
   舰店                             1936.0     北京
3  嘉兴粽子 蛋黄鲜肉粽新鲜大肉粽早餐散装团购浙江特产蜜枣多口味         3.8      城城喂食
   猫                             9500.0     浙江
4  嘉兴特产粽子礼盒装甜咸粽8粽4味真空手工农家粽端午节团购         58.8
      chenyan30151467  17.0                 浙江
5  五芳斋华礼竹篮礼盒1360g 蛋粽组合端午礼品嘉兴粽子礼盒         159.0      天猫超市
                                 1028.0     上海
6  五芳斋 140g*8 只大粽子 福韵端午豆沙蜜枣蛋黄粽新包装送礼礼盒    79.9      天猫超市
                                 9000.0     上海
7  真真老老嘉情礼盒10粽6蛋1.52kg/盒嘉兴粽子端午节粽子礼盒装    109.0      天猫超市
                                 2117.0     上海
8  五芳斋嘉兴粽子新鲜量贩蛋黄肉粽豆沙粽悦喜散装端午特产 600g*2 袋  59.9      天猫超市
                                 1349.0     上海
9  真真老老粽子臻芯 800g/盒*1 端午节礼盒装嘉兴特产送礼         75.0      天猫超市
                                 1815.0     上海
```

14.3.3 数据分析

由于每款粽子的品牌词语不同，除了使用常见的图表分析数据，还可以使用词云图观察热度比较高的粽子商品。

（1）数据准备。

添加关键词，代码如下。

```
import jieba.analyse
txt = df['商品名'].str.cat(sep='。')
jieba.add_word('粽子', 999, '五芳斋')
```

读入停用词表，代码如下。

```
stop_words = []
with open('停用词表/哈工大停用词表.txt', 'rb') as f:
    lines = f.readlines()
    for line in lines:
        stop_words.append(line.strip())
```

添加停用词，代码如下。

```
stop_words.extend(['logo', '10', '100', '200g', '100g', '140g', '130g'])
```

评论字段分词处理，代码如下。

```
word_num = jieba.analyse.extract_tags(txt, topK=100, withWeight=True, allowPOS=())
```

去停用词，代码如下。

```
word_num_selected = []
for i in word_num:
    if i[0] not in stop_words:
        word_num_selected.append(i)
key_words = pd.DataFrame(word_num_selected, columns=['words','num'])
```

（2）计算商品销量排名前10的粽子。

导包，准备使用柱形图，代码如下。

```
from pyecharts.charts import Bar
from pyecharts import options as opts
```

计算前10名粽子销量，代码如下。

```
shop_top10 = df.groupby('商品名')['销量'].sum().sort_values(ascending=False).head(10)
```

绘制柱形图，观察粽子商品销量排名，如图14-10所示。

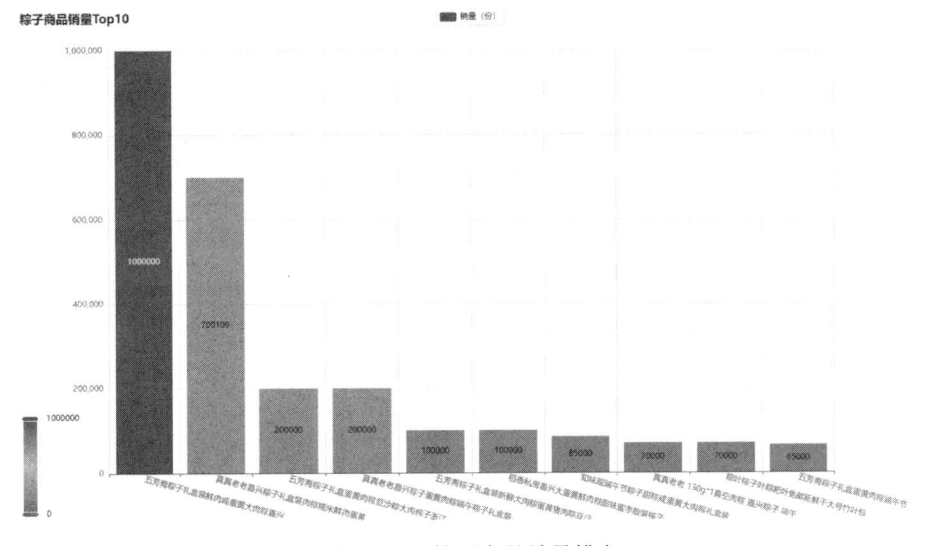

图14-10　粽子商品销量排名

由图可知，销量最好的是最左侧柱子代表的商品，如想提高整体销量，可以多备些此类粽子。

（3）计算店铺销量排名前 10 的粽子店铺。

计算前 10 名店铺销量，代码如下。

```
shop_top10 = df.groupby('店铺')['销量']
             .sum().sort_values(ascending=False).head(10)
```

绘制柱形图，观察粽子店铺销量排名，如图 14-11 所示。

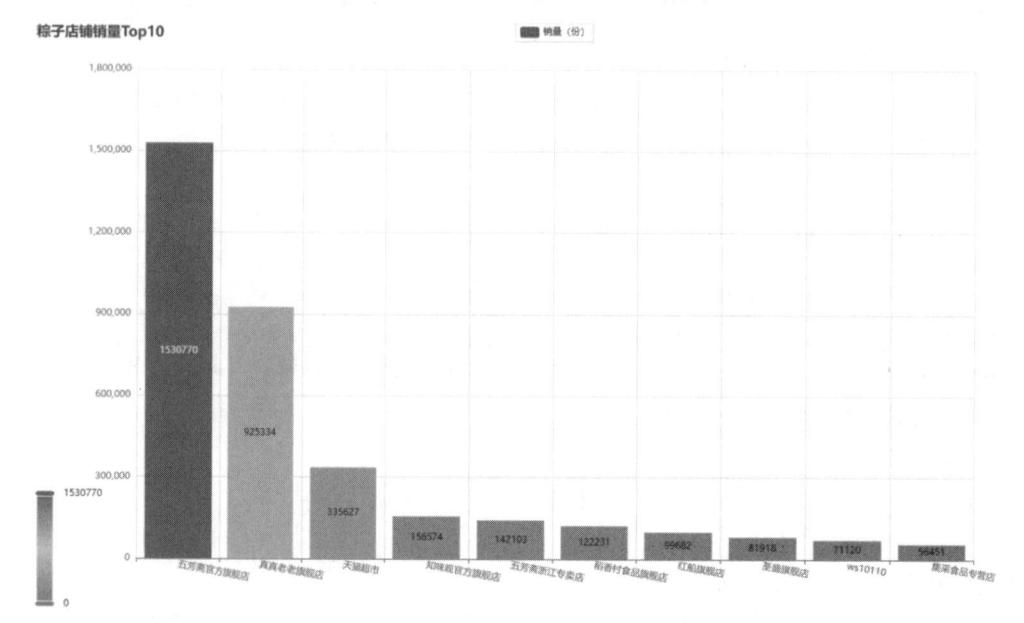

图 14-11　粽子店铺销量排名

观察发现，销量最好的店铺是红色柱子代表的店铺，可以分析一下它和销量最好的粽子之间的关系，是否是销量最好的粽子所在的店铺。

（4）不同价格区间的粽子销量占比。

先对数据划分价格区间。

```
def price_range(x):
    if x <= 22:
        return '22 元以下'
    elif x <= 115:
        return '22-115 元'
    elif x <= 633:
        return '115-633 元'
    else:
        return '633 元以上'

df['price_range'] = df['价格'].apply(lambda x: price_range(x))
price_cut_num = df.groupby('price_range')['销量'].sum()
data_pair = [list(z) for z in zip(price_cut_num.index, price_cut_num.values)]
```

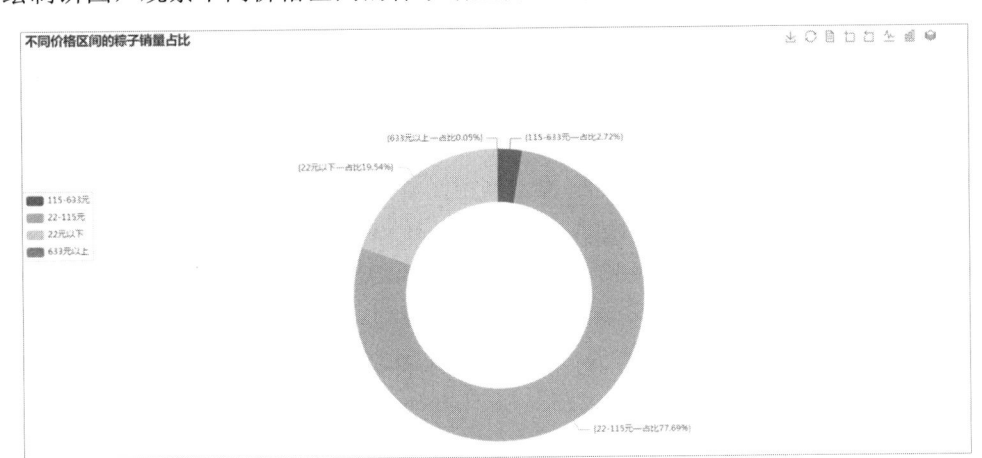

绘制饼图，观察不同价格区间的粽子销量占比，如图 14-12 所示。

图 14-12　不同价格区间的粽子销量占比

占比最多区域说明消费者更能接受该价格区间的粽子。商家根据自己的商铺定位，可以找到对应的消费群体，通过制定精准的销售方案来扩大销量。

（5）商品名称文本分析。

文本分析适合使用词云图，如图 14-13 所示。

图 14-13　粽子商品名称词云图

字体越大说明该词在标题中被提到的次数越多，要想商品被更多地关注，也可以从该方向入手制定营销策略。

本章小结

本章介绍了数据库 MongoDB 在数据分析中的应用。MongoDB 的功能主要是数据存储，本身的查询函数只能实现基础查询功能，但是结合 Python，利用 pyecharts，却可以生成多样的图表，更充分地展现数据表达的信息。通过本章的学习，学生能够获得数据分析和绘制图表的能力。

课后习题

1. 在 pyecharts 中，（　　）可以配置工具箱配置项。
   A. TooltipOpts   B. ToolboxOpts
   C. TitleOpts   D. LegendOpts
2. 在 pyecharts 中，（　　）可以配置初始化配置项。
   A. InitOpts   B. ToolboxOpts
   C. TitleOpts   D. LegendOpts
3. 在 pyecharts 中，（　　）是文字样式配置项。
   A. TextStyleOpts B. LineStyleOpts
   C. LabelOpts   D. ItemStyleOpts
4. 在 pyecharts 中可以生成多种多样的图表，绘制折线/面积图的是（　　）。
   A. Bar   B. Pie   C. Grid   D. Line
5. Funnel 用于绘制（　　），适用于观察商品、用户等转化率。
   A. 词云图   B. 饼图
   C. 漏斗图   D. 联合图

项目实训

读取数据库中的考研数据，分析调剂信息发布情况、调剂专业情况、院校类型分布情况，以及院校层次分布情况，如图 14-14、图 14-15 所示。

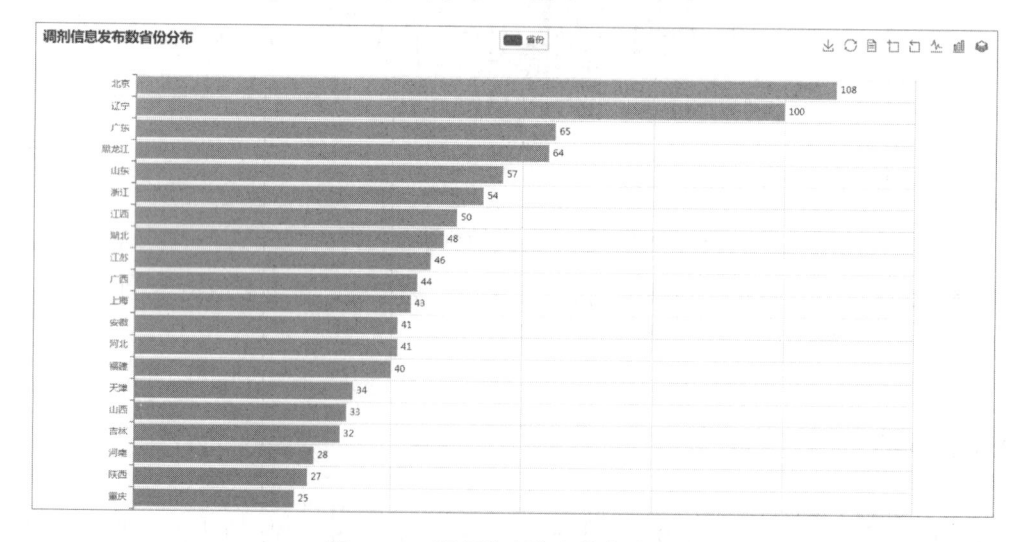

图 14-14　调剂信息发布数省份分布

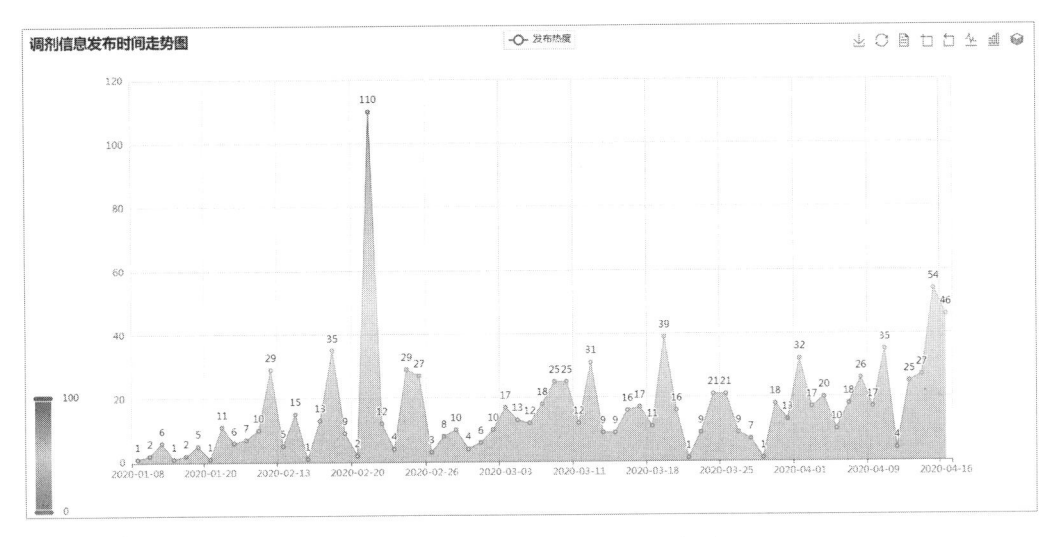

图 14-15 调剂信息发布时间走势图

反侵权盗版声明

电子工业出版社依法对本作品享有专有出版权。任何未经权利人书面许可，复制、销售或通过信息网络传播本作品的行为；歪曲、篡改、剽窃本作品的行为，均违反《中华人民共和国著作权法》，其行为人应承担相应的民事责任和行政责任，构成犯罪的，将被依法追究刑事责任。

为了维护市场秩序，保护权利人的合法权益，我社将依法查处和打击侵权盗版的单位和个人。欢迎社会各界人士积极举报侵权盗版行为，本社将奖励举报有功人员，并保证举报人的信息不被泄露。

举报电话：（010）88254396；（010）88258888
传　　真：（010）88254397
E-mail：dbqq@phei.com.cn
通信地址：北京市万寿路173信箱
　　　　　电子工业出版社总编办公室
邮　　编：100036